日本经典技能系列丛书

电气一点通

（日）技能士の友編集部　编著

李洪良　译

机 械 工 业 出 版 社

现在的机械几乎都和电有关系，但机械行业的人大多数都不太懂电。为了弥补这一不足，本书通过一些与机械相关的实例讲解了机械加工厂中用到的各种电气知识。本书主要内容包括：电的起源、电的基础知识、电动机、开关、电线与接线、电路、用电设备、电的用途、用电事故和安全等。本书内容通俗易懂，通过学习本书可以快速掌握最实用的电气知识。

本书可供初级电工、机械加工工人的入门培训使用，还可作为技术人员及相关专业师生的参考用书。

"GINO BOOKS 16：DENKI NO HAYAWAKARI"
written and compiled by GINOSHI NO TOMO HENSHUBU
Copyright© Taiga Shuppan，1977
All rights reserved.
First published in Japan in 1977 by Taiga Shuppan，Tokyo
This Simplified Chinese edition is published by arrangement with Taiga Shuppan，Tokyo in care of Tuttle-Mori Agency，Inc.，Tokyo

图书在版编目（CIP）数据

电气一点通/（日）技能士の友编集部编著；李洪良译. —北京：机械工业出版社，2010.11（2023.1 重印）
（日本经典技能系列丛书）
ISBN 978-7-111-32102-6

Ⅰ.①电… Ⅱ.①日…②李… Ⅲ.①电学–基本知识 Ⅳ.①O441.1

中国版本图书馆 CIP 数据核字（2010）第 193388 号

机械工业出版社（北京市百万庄大街22 号 邮政编码100037）
策划编辑：王晓洁 责任编辑：林运鑫 版式设计：霍永明
责任校对：肖 琳 封面设计：鞠 杨 责任印制：张 博
保定市中画美凯印刷有限公司印刷
2023 年1月第1 版第9 次印刷
182mm×206mm·6.833 印张·193 千字
标准书号：ISBN 978-7-111-32102-6
定价：35.00 元

电话服务 网络服务
客服电话：010-88361066 机 工 官 网：www.cmpbook.com
010-88379833 机 工 官 博：weibo.com/cmp1952
010-68326294 金 书 网：www.golden-book.com
封底无防伪标均为盗版 机工教育服务网：www.cmpedu.com

出版说明

　　为了吸收发达国家职业技能培训在教学内容和方式上的成功经验，我们引进了日本大河出版社的这套"技能系列丛书"，共 17 本。

　　该丛书主要针对实际生产的需要和疑难问题，通过大量操作实例、正反对比形象地介绍了每个领域最重要的知识和技能。该丛书为日本机电类的长期畅销图书，也是工人入门培训的经典用书，适合初级工人自学和培训，从 20 世纪 70 年代出版以来，已经多次再版。在翻译成中文时，我们力求保持原版图书的精华和风格，图书版式基本与原版图书一致，将涉及日本技术标准的部分按照中国的标准及习惯进行了适当改造，并按照中国现行标准、术语进行了注解，以方便中国读者阅读、使用。

目录

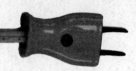

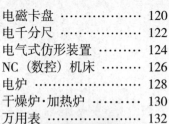

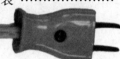

在现在的机械设备中，很难找出不用电的，机械设备的运转大都和电有关系。然而，这里所说的电是用眼睛所看不到的。另外，"配电室"经常和"车间"设计在一起，或者设计在与"车间"相对应的地方。因此，电与机械设备有着密切的关系，这也并不奇怪。

通过本书的学习，读者能够全面地了解与机械设备相关联的必备的电气知识。

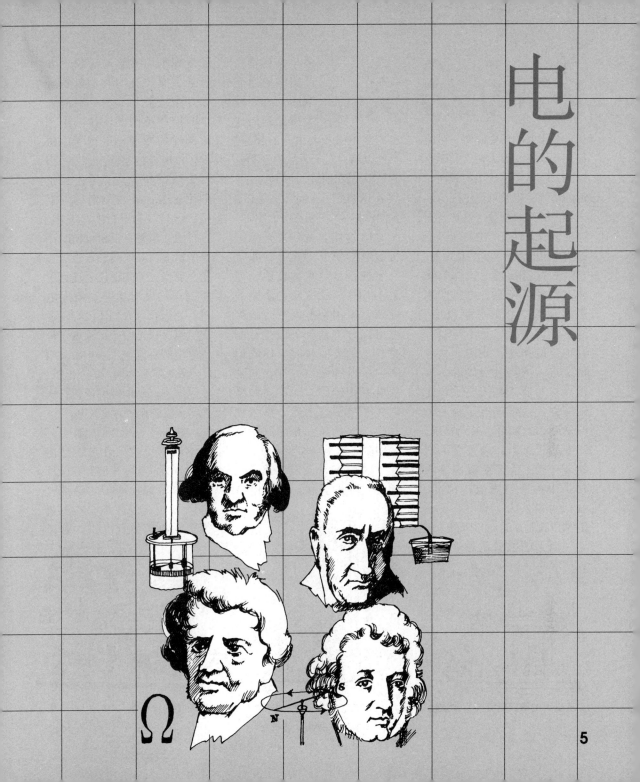

电的起源

电的历史

关于电的历史起源，可能很难说清楚。因为在人类诞生以前，就已经形成了与现在相近的空气，也就可能出现与现在类似的气候现象，这样，雷电应该也就存在了吧！所以电的历史可能要上溯到数亿年前。

大家都知道，物体与物体之间相互摩擦，可以产生静电现象。在数亿年以前，除了雷电之外，是不是还有其他电的产生，我们无从考证。进入人类社会以后，出现了被希腊人称为电子和磁的东西。所谓的电子是一种叫做琥珀的宝石。人们发现，带在身上的琥珀与穿着的衣物相摩擦，会产生吸引装饰物羽毛的静电现象。由此，我们可以认为，与电有关系的术语就是从这时出现的。

所谓的磁就是磁铁。磁最早是在希腊的美格尼西亚（Magnesia）被发现的，而这也成为电磁相关术语的起源。自此以后，对于天然磁铁和电磁的认识和研究不断地加深。到了18世纪，人们又发现了磁铁同极相斥，异极相吸的性质。

18世纪，人们才开始进行静电的研究。其中，非常有名的是富兰克林实验（见第12页）。1733年，法国的杜菲发现由摩擦而产生的静电可以分为两种。通过杜菲对静电种类的研究，使人们明白了电和磁铁一样，同种静电互相排斥，而不同种静电相互吸引。之后，富兰克林将这两种相互排斥的静电分别命名为正电和负电。

19世纪，人们了解了磁与电之间的关系。美国的亨利发现了电磁感应现象，并且通过实验证明利用磁铁可以产生电流。几乎是在同一个时期，英国的法拉第也利用同样的原理，进行了用磁铁生成电流的实验。

1832年，皮克希发明了利用永久性磁铁制造的发电机，但是没有进行实际应用。这是因为这种发电机旋转时产生的电流，其电荷的正负极总是在变换。换句话说，皮克希所制作的发电机是交流发电机。而当时，人们还没有发现交流电，只是希望得到可以替代电池的直流电。两年后，斯特金发明了带换向器的发电机，使电流进行周期性的逆转，从而将交流电转化为直流电。

之后，人们渐渐地明白了电磁铁比永久性磁铁更适合制作发电机。1855年，丹麦的修特鲁发明了"自励发电机"，它是从发电机本身获得励磁电流的发电机。后经

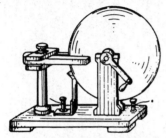
▲法拉第的感应电流的实验装置

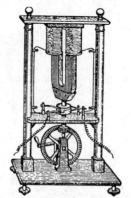
▲皮克希发明的手摇式永久性磁铁发电机

▲雅可比的电动机

6

过英国的王尔德、德国的西门子的改良，最终由比利时的格拉姆改造成可以进行实际应用的发电机。

此外，在与发电机相应的电动机的发明研究方面，19世纪，虽然有很多的学者做了大量的实验，而且进行制作，但是最终没有出现能够实际应用的电动机。1873年，在维也纳的万国博览会的发电机实验中，由于工作人员的疏忽，电流从发电机的外部流进了发电机，发电机竟然转动了起来。通过这件事，人们才知道，将电流通入直流发电机，就可以使发电机成为直流电动机。

18世纪末，人们发现不同的物体摩擦可以产生连续的电流。1799年，意大利的伏特对动物带电的研究非常感兴趣，他用食盐水、锌板和铜板制造出著名的"伏特电池"，从而得到利用化学反应所产生的直流电。同时，在实验中，伏特利用电流流入使物质发生化学反应，从而给电池进行充电——蓄电池的发明，19世纪初，人们开始进行电化学反应实验（即电解实验）的研究。

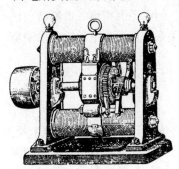
▲ 格拉姆的实用发电机

● 电的发展史年表

1752 年	富兰克林（美国）证实了雷是电的一种
1785 年	库仑（法国）发现了与电、磁相关的定律
1799 年	伏特（意大利）用锌板、铜板和含有食盐水的布发明了伏特电池
1808 年	戴维（英国）发现了用 2000 个电池可以得到大电流的电弧现象
1820 年	安培（法国）发表了关于电流和磁铁之间在力学上相互作用的理论
	同年，奥斯特证明了放在有电流经过的线圈中的针会被磁化
1827 年	欧姆（德国）发现了表明电压、电流和电阻之间关系的定律
1831 年	亨利（美国）发现了电磁感应现象（同一时期法拉第也发现了这一现象）
	同年，雅可比（德国）基于法拉第的发现制作了电动机
1832 年	法拉第（英国）成功制作感应电源装置的公开实验
	同年，皮克希（英国）公布了最早的永久性磁铁发电机
1833 年	法拉第发现了电解定律
1834 年	斯特金（英国）发明了换向器并且在将交流电转变为直流电方面也取得了成功
1837 年	莫尔斯（美国）发明了最早的实用电报机，可以向距离 16km 的地方发送电报
1841 年	焦耳（英国）发现了通电导体内部会产生热的焦耳定律
1842 年	本生（德国）发明了现在仍在使用的碳锌电池
1855 年	修特鲁（丹麦）发明了用电磁铁代替永久性磁铁的自励发电机
1864 年	麦克斯韦（英国）将电场的概念引入电磁场的作用中，并把库仑、安培、欧姆、法拉第等的研究理论从数学上加以定性化
1870 年	格拉姆（比利时）完成了最早的实用发电机的制作
1873 年	在维也纳的万国博览会上，人们偶然地发现，发电机发出的电流再流入发电机，会使发电机变成电动机
1876 年	贝尔（美国）发明了可以在 3.2km 内通话的电话机
1879 年	爱迪生（美国）成功地将使用碳钨丝的白炽灯泡运用于实践
	同年，西门子（德国）制造出了安装有 3 马力（1PS=0.735kW，此处指米制马力）电动机的电力机车，这种电力机车可以使载有 20 人的客车以 24km/h 的速度行驶
1888 年	赫兹（德国）证明了电波和磁波的存在，以及它们具有与光波相同的性质
1897 年	布劳恩（德国）发明了阴极射线管——布劳恩管，为示波器和电视机的使用开辟了道路
1899 年	马可尼（意大利）根据赫兹的理论成功研制出了无线电发报机
1905 年	德·福雷斯特（美国）发明了可以整流和增幅的三极管，从而加快了无线电通信的发展
1947 年	宾夕法尼亚大学（美国）发明了世界上最早的电子计算机 EIAC（Electric Numerical Integrator and Calculator 的简称）
1948 年	贝尔电话公司（美国）的研究所发明了晶体管

不仅是在电学方面，在科学史上也总会出现一些重要的发现者、发明家的名字，这里既有褒奖他们功绩的意义，同时又作为与其研究领域相关的单位而被使用着。与电相关的单位有很多，在本部分我们介绍一下主要的电单位。

电单位中的人名

伏特

安培

欧姆

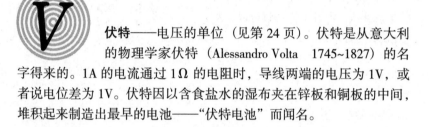

伏特——电压的单位（见第 24 页）。伏特是从意大利的物理学家伏特（Alessandro Volta 1745~1827）的名字得来的。1A 的电流通过 1Ω 的电阻时，导线两端的电压为 1V，或者说电位差为 1V。伏特因以含食盐水的湿布夹在锌板和铜板的中间，堆积起来制造出最早的电池——"伏特电池"而闻名。

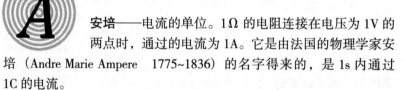

安培——电流的单位。1Ω 的电阻连接在电压为 1V 的两点时，通过的电流为 1A。它是由法国的物理学家安培（Andre Marie Ampere 1775~1836）的名字得来的，是 1s 内通过 1C 的电流。

安培是研究电流与磁作用的科学家，他和爱因斯坦、奥斯特、法拉第的实验一起证明了电流和磁之间的关系，从而为电动机的发明奠定了理论基础。

欧姆——电阻的单位。符号使用的是希腊文字欧米嘎。1A 的电流通过两端电压为 1V 的导体时，导体两端间的电阻就是 1Ω。欧姆是从德国的物理学家欧姆（Georg Simon Ohm

1787~1854）的名字得来的。要对电进行说明时，一定会用到"安培定律"，因为安培定律说明了电压、电流和电阻之间的关系。

亨利——自感电感、互感电感的单位。电流以 1A/s 变化时产生 1V 的电动势，则其电感为 1H。亨利是由美国的物理学家亨利（Joseph Henry 1799~1878）的名字得来的。书中没有提到的是，1831 年亨利在做实验时曾发现了线圈的电磁感应现象。

另外，亨利还因成功制作了电磁铁而闻名。

亨利

法拉——电容的单位。如果电容器带 1C 电量时，两端电压为 1V，则电容器的电容就是 1F。法拉是由英国的物理学家法拉第（Michael Faraday 1791~1867）的名字得来的。法拉第几乎是和亨利同时发现了电磁感应现象，并从中得到启发，认为可以从磁中得到电，并尝试制作了直流发电机并进行了实验，因此而得名。

此外，他还发现了关于电解游离元素的量和电量之间关系等的电解定律。

法拉第

赫兹——振动次数，交流电频率的单位。它表示 1s 内的周期性振动次数。赫兹是由德国的物理学家赫兹（Heinrich Rudolf Hertz）的名字而得来的。1888 年，赫兹指出了由电振荡所引起的电波、磁波的存在，而且证明了它们和光波有同性。

库仑——电量的单位。库仑是 1A 电流在 1s 内可以运送的电量。它是由法国的物理学家库仑（Charles Augustn de Coulomb 1736~1806）的名字而得来的。库仑因运用数学公式来表述正电荷和负电荷如何同极相斥，异极相吸的"库仑定律"而闻名。

赫兹

●日本首次制作人工发电装置的人
平贺源内

在日本的科学史上或者电气史上，平贺源内都是一个不可或缺的人物。进入长崎港的荷兰船长向幕府进献了摩擦发电机，平贺源内模仿其制作了摩擦发电机。

可以说，他是日本首位制作发电机的人。

但是，这种模仿也不是很容易就做出来的。在这之前，平贺源内曾经两次到长崎去学习。应该说那个时候，平贺源内就已经掌握了摩擦生电的原理。虽然懂得的很少，但是如果这方面知识一点都没有，即使是模仿，也是制作不出摩擦发电机的。

那么，平贺源内所制作的摩擦发电机究竟是怎么样的呢？根据当时的出版物记载，转动这种摩擦发电机的摇杆，就会产生摩擦电，用人的手去接触摩擦发电机的电极时，手中就会出现让人感到害怕的火花。可以说，让人有种触电的感觉。

当时的人们认为这些都是"西洋机构"，很神奇，有身份的人都喜欢看平贺源内来表演。

当时西方的电气史上出现了如 1746 年的箔片检电器和莱顿瓶实验，1752 年的富兰克林实验，1799 年伏特电池的发明。这些对电的利用也都只是停留在设想的阶段。可以说，在那个时代平贺源内确实是一个很了不起的人。

▲平贺源内的"摩擦发电机"的外观和内部结构，转动摇杆就会发电

佐久间象山

嘉永 2 年（1849 年），在现在的长野县的松代，进行了日本最早的电子通信实验——电报实验。而这一实验的操作者是一个名叫佐久间象山的松代藩的武士。

这项实验是在 1837 年英国人发明电报仅仅 12 年以后进行的，比安正元年（1854年）美国的贝尔进献给幕府莫尔斯电报机要早 5 年多。

当时的电报机，就是现在所说的指示电报机。使用指示电报机时，要把发送的内容写在圆板上，收报方转动同样的装置，利用电磁铁和爪轮使指针转到相同的位

▲佐久间象山在钟楼中接收电报

置，从而指示出相同的文字。

据说，佐久间象山的电报机知识是从 1848 年荷兰出版发行的一本日本名为《理学原始》的插图书中学到的。他以现在的长野电话局松代分部围墙内的钟楼作为接报地，让自己的弟子在 70m 高的工作间中发报。据说，要使用超过 70m 的电线，一匝线圈铜线，实验时所使用的电磁铁以及作为电源的电池都是自制的。

▲佐久间象山自制的匝线圈铜线和电磁铁

▲佐久间象山进行电报实验的钟楼

▲日本佐久间象山神社电报发源地的纪念碑

●通过放风筝来证明雷的本质是电的人

富兰克林

在介绍一些与电的相关知识时，不得不提到富兰克林的实验。这个实验证明了从远古时代便让人怀有恐怖心理的雷实际上是一种电。

1752 年 6 月，富兰克林将铁钉钉到用绸缎做成的风筝上，把麻绳作为风筝的线，把麻绳的下端连接到莱顿瓶中，然后向着雷云的方向放风筝。富兰克林通过莱顿瓶收集了电荷的现象，证明了雷是电的一种。

在这个实验中，麻绳带有静电，富兰克林的手指接触到连接在麻绳上的钥匙时产生了火花。很多人都可以想象到这个实验的场面，但是如果真正产生了火花，那么难道富兰克林手里没有拿着风筝线不会产生火花吗，也可能是钥匙上发生了静电感应的缘故吧！

究竟有无火花暂且不提，但这个实验在科学史上被认为是非常的鲁莽、危险的。

虽然富兰克林与几千伏、几万伏的电直接接触，但他既没有死也没有受伤的原因是什么呢？人们可能会认为是因为莱顿瓶中的电荷量很小，所以通过人体（心脏）的电流很弱吧。事实上，后来有人做这个实验时，因触电而死亡。

●用右手和左手定则理解和说明电磁感应原理

弗莱明

弗莱明定律作为一个规定和十分严谨的定律，一定会经常出现在电气或者物理图书的电气学部分中。对于这位叫做弗莱明的英国伦敦大学老师所叙述的"电磁感应原理"，让我们这些外行人去理解并勉强地记住是比较难的。

需要注意的是，弗莱明定律并不是弗莱明所发现的，而是弗莱明将法拉第所发现的法则进行了易于理解地表述。

弗莱明定律用左、右手的拇指、食指、中指三根手指之间的关系来表示电动势、磁力线、电流方向之间的关系。

首先，竖起这三个手指使它们之间互成直角。其次，在三个手指互成直角的情况下，这三个手指所指的方向是铣床运行的三个方向，三者之间的关系也就成为 X 轴、Y 轴、Z 轴的关系。但是，同样是 X 轴、Y 轴、Z 轴，左手、右手又有所不同。到底哪个是右手表示的呢？

可以暂定，右手代表的是发电机，而左手代表的是电动机。拇指的方向表示的是运动或力的方向，食指所指的方向是磁力线的方向，中指所指的方向是电流的方向。

两手所代表的意思不同之处主要在于左、右手食指所指方向的不同，即左、右手的食指所指方向正好相反。而这种方向的相反是由于在相同的配置中电流流入或流出可使该设备变为电动机或发电机。即对设备来说，使电流流出就是发电机，而使电流流入就是电动机。

总之，弗莱明为我们想出了一个如此方便的记忆方法。

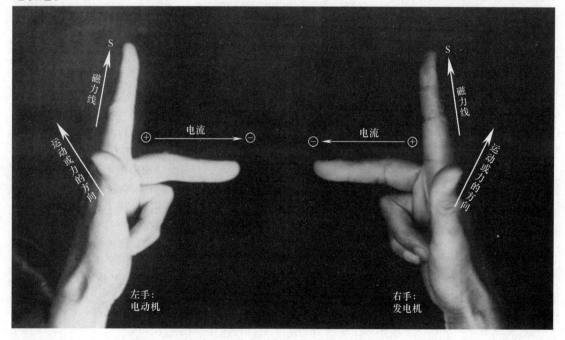

左手：
电动机

右手：
发电机

频率的差异

众所周知，在日本国内，由于地域的差异，各地区所输送的用电频率会有所不同。

以太平洋沿岸的静冈县富士川，日本海沿岸的新潟县丝鱼川和长野县的东部为分界线，东侧地区的用电频率是 50Hz，西侧则是 60Hz。除了这种区域区别之外，在一些地区也有同时使用这两种用电频率的。更有甚者，因为一些被称为"用电大户"的大工厂的存在，因此，用电频率 50Hz 的地区用 60Hz 的电，而用电频率 60Hz 的地区也会使用 50Hz 的电的现象也存在着。

日本电力事业发展的初期，因为国内不能够生产发电机等机械设备，这些设备都是从国外进口的。在那个时期，从美国买入的发电机发出电的频率是 60Hz，而从欧洲买入的发电机发出电的频率是 50Hz。

在如此狭小的日本国土内，因为电的频率不同而造成了很多的不便，因此政府曾经几度着手解决电的统一化问题，但最终没能够实现。随着对电的需求不断增大，造成了这种既定事实，电的统一化的问题已经成为了不可能实现的事情了。

在九州，以前是这两种用电同时使用，现在则统一使用频率为 60Hz 的用电。即便如此，对于原有较大设备的大工厂，即使是在频率为 50Hz 的用电地区，也会为了能够实现独立发电而购入发电机，所以，应该也会有使用频率为 60Hz 电的地方零星存在。

因此，日本的工厂被分为使用频率 50Hz 的电和使用 60Hz 的电两种。在电动机方面，有些厂商通过改变带轮的半径，使两个地区的电动机的转速一致；也有未做改变照旧运转的而改变电动机的转速。在商品目录中，有标志两种转速的，也有不标志的。一般的家用电器的电动机，有的受频率影响，有的不受影响。在不同频率下使用照旧运转的电动机的电器时，其转速会变化 20%，这种情况必须注意。

在第 15 页中，列出了在频率发生变化时可以照常使用的电器和不能照常使用的电器。

北海道电力
王子造纸
日本水泥
同和矿业
三菱金属
新日铁
东北电力
日本矿业
东邦锌
东京电力
北陆电力
本州制纸
中国电力
中部电力
东邦锌
新日铁
丰国水泥
日本窒素
三菱矿业
旭化成
九州电力
关西电力
四国电力
冲绳电力

- ● 50Hz用电的地区使用60Hz
  60Hz用电的地区使用50Hz
- 50Hz
- 60Hz
- 50Hz和60Hz混合用地区

● 频率发生变化时可以照常使用的电器和不能照常使用的电器

照常使用的电器	利用电热的电器	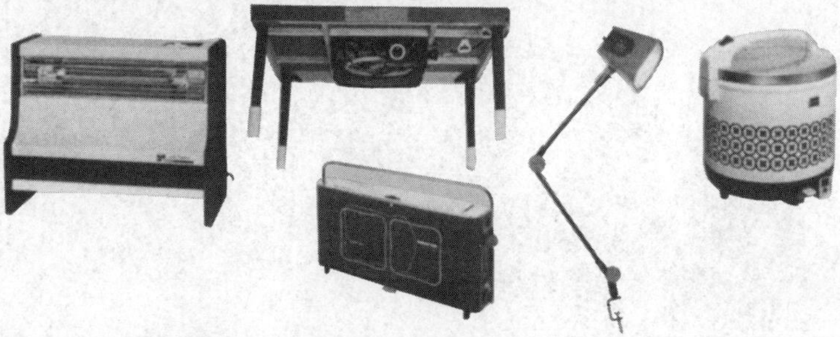
	利用电波的电器	
照常使用但运转状况会发生改变的电器	荧光灯	 由 50Hz 变为 60Hz 时，荧光灯不容易点亮且灯光变暗；由 60Hz 变为 50Hz 时，虽然灯光变得比原来亮了，但灯管的寿命缩短了，且辉光启动器变热了
	使用的电动机的电器	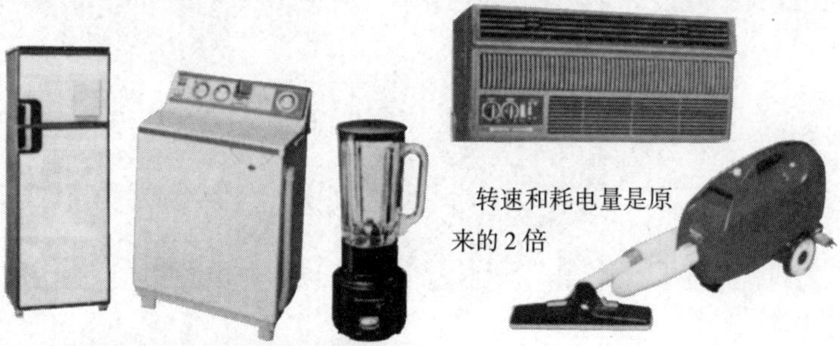 转速和耗电量是原来的 2 倍
不能照常使用的电器		 电唱机或录音机等可以使用 50Hz 和 60Hz 的电，但需要更换部件
	利用频率的电器	 除了需要频率切换开关还需要其他的部件

核电站

火力发电站

水力发电站

电的传输

从发电站到用户

▲从发电站输出的电经一次变电站变为低压电再输送

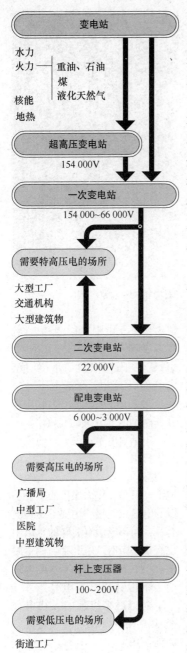

```
        变电站
   水力
   火力 ── 重油、石油
           煤
   核能    液化天然气
   地热
         ↓
      超高压变电站
       154 000V
         ↓
       一次变电站
     154 000~66 000V
         ↓
   需要特高压电的场所
   大型工厂
   交通机构
   大型建筑物
         ↓
       二次变电站
       22 000V
         ↓
       配电变电站
      6 000~3 000V
         ↓
   需要高压电的场所
   广播局
   中型工厂
   医院
   中型建筑物
         ↓
      杆上变压器
       100~200V
         ↓
   需要低压电的场所
   街道工厂
   住宅
```

电是如何传输到达用户所在的地方呢？这个问题在教科书或者电力公司的说明手册中都会出现。这本书简单介绍一下。

但是，在大工厂工作的人有空可以去看看工厂的变电设备。在高高的铁塔上有很多瓷绝缘子，在绝缘子之间连接着很多通往工厂里的输电线，这些从一次变电站、二次变电站直接输出的线路叫做"特高压用"线路。

这些线路在工厂内降低电压，分成很多小的线路。在工厂内部有变电站，变电工作由工厂内的专门人员来做。

对于中型工厂，可从靠近市区的配电用变电站得到 6000V 或 3000V 的电。这样的线路叫做"高压用"线路。为了实现变压，在工厂里往往配备带变压器等变电设备。有的是一个小屋，而有的是一个箱子。为了防止非专业人员靠近，一般用金属丝网等将其围起来。

在小工厂中，电线杆上的变压器可把电压降到 200V 后再传输，这样的线路叫做"低压"线路。通常，可用测量仪器、积算电功。本书的读者大概只能接触到这些线路的终端部分。

▲输电线和高压铁塔

▲二次变电站

▲杆上变压器（Transformer）

17

日本关于"电"字的解释

我们翻开辞典查一下"电"这个字，可以看到电有雷电的意思。因为在我们所说的"电"出现以前，雷电作为自然现象就已经存在了，所以在日本有与之相对应的文字和单词是不难理解的。比如，在江户时代有一个非常有名的相扑选手叫做雷电为右卫门，通过他的名字我们可以知

▲史上最强的相扑手——雷电为右卫门

道，雷电这个单词很早就出现了。在文化开明时期，先人们在介绍电时，做出了精彩的讲述，使我们受益匪浅。

电这个术语或者字的出现后，使与电有关的单词、词语的创造采取了与日语当量汉字相组合的方法。这种造词的方法是很方便的，我把可以想到的词语列举出来，如电子、电位、电压、电流、电力、电源、电场、电荷、电击、电解、电路、电束。

以上这些都可以作为单一的科技术语或专业术语来使用。另外，也可以说是在其当量汉字前加上"电"这个字，只是后面的字不同，所表示意思不同的术语。

我们也把"电"放到后面的术语列举了出来：起电、发电、送电、变电、受电、漏电、触电、检电、带电、通电、导电、节电、盗电、配电、买电、卖电、放电、停电、蓄电、充电、重电、轻电、强电、弱电。这些都是在"电"的前面加上不同的字构成的通用词语。

接下来是与电相关联，并用其他字与"电"字相组合来作为物品。例如：电灯、电球、电车、电池、电铃、电线、电缆、电柱、电热、电化、电动、电光、电磁。

除此之外，有些术语开始用时是很复杂的，后来被省略为两个字。例如：电留（电气

▲电饰——彩灯

留声机——电唱机）、电探（电波探测器——电探针）、电卓（台式电子计算机）、市电（市内电车）、终电（最终电车）。

最初所说的电解并不是物品，而是电气分解的简称。

电话（电报）很早以前就传到了日本。对电信、电报、电话等的翻译，是具有代表性的经典词汇。但是，作为通信的主要手段的电信（电报）主要不是与电有关，而与电信有关联的术语中也有很多带有"电"字。例：回电(信)、接电（信）、入电、来电、外电、公电、私电等。

而且后来出现的无线电报经常被省略为"无电"而被广泛地使用。

虽然，在电话普及的今天，这样的术语很少被使用。但是，像电键这样的术语至今仍然被使用着。电键是由电信方面的"电"字与英语中的 key（键）组合而来的。

即使对于一个专家和从事与电有关工作的人来说，可能也有一些术语是不知道的。

电弧——由焊接电源供给的，在两极间产生强烈而持久的放电现象。

电饰——将很多的电珠排列起来，用于彩灯或广告等的霓虹灯招牌。

电解腐蚀——利用电位差所产生的电来进行分解的腐蚀。

电铸——在本书的第 140 页有介绍。

电镀——电镀金属（见142 页）的简略语，不是正式术语。

电检——电专业技术者鉴定考试的简略语。

电关——电力机车，是相关人员都通用的术语。

大部分"电"的相关术语都列出来了。请试想一下，是否还有其他的。也可试着创造这样的词，虽然不是通用术语，但也许是一件很有意思的事。

各国用电的状况

在日本国内，存在着使用频率 50Hz 和 60Hz 电的区域，这种差异是由于最初使用的发电机是从美国或者欧洲购进的（见第 14 页）。当然，美国和欧洲所使用的电的频率也应该是不一样的。在美国或欧洲等同一个国家或地区内，使用的电的频率也是不统一的。在北美，所使用的电的频率大多是 60Hz，但也有一部分地区使用的则是 25Hz 的电。

而且，电压有着千差万别。在日本，一般规定家庭用电为 100V，动力用电为 200V。在其他国家，像规定如此统一的电压数值是很少的。为什么会如此呢？我们也搞不清楚详细的原因，估计原因相似吧！而且，还有的地区使用的是直流电。

铁路所使用的电也有很多种。在日本，铁路所使用的基本上是 1500V 的直流电。地上电车所使用的是 600V 的直流电，而新干线用的是 25000V 的交流电。在欧洲，铁路所使用的是电压为 25000V、频率为 50Hz 和电压为 15000V、频率为 $16\frac{2}{3}$ Hz 的交流电或者电压为 3000V 和 1500V 的直流电这四种。所以，国际列车在 2~4 个国家穿行时，电力机车必须可以使用以上这四种电。

另外，瑞士的全境位于阿尔卑斯山脉当中，所以瑞士的水力发电很发达。其私有铁路所使用的电

的频率种类竟然多的让人惊讶。

美国东海岸的高速电车所使用是电压为 2500V、频率为 25Hz 的交流电。

英国国有铁路	AC 25000V
法国国有铁路	AC 25000V
	DC 1500V
荷兰国有铁路	DC 1500V
德国国有铁路	AC 15000V
意大利国有铁路	DC 3000V
瑞士国有铁路	AC 15000V
	DC 2200V
	DC 2000V
	DC 1500V
	DC 1200V
	DC 1000V
	DC 900V
瑞士私营铁路	DC 850V
	DC 830V
	AC 15000V
	AC 12000V
	AC 11000V
	AC 1125V
	AC 725V

▲法国国有铁路引以为豪的自由女神号列车

带电的动物

有一些被称为电鱼或者发电鱼的鱼类,也就是有着可以发电器官的鱼。

电鳗是其中有代表性的一种。虽然叫做鳗,但是在动物学上却和鳗鱼相差很远。电鳗是生活在南美较浅的河流中或沼泽中的鱼类,体长约2m。它的发电器官位于从头部后面一直到靠近尾部的部位,放出的电流可以将小动物击倒。研究表明,电鳗放出的电压在200~600V。

电鲶也是类似电鳗的一种鱼,它生活在非洲的尼罗河流域,体长1m左右。

电鳐是生活在日本的一种电鱼,很久以前被叫做希伯来鳐。如果不小心碰到鳐鱼的话,就会被电地麻麻的。一般电鳐体长30cm左右,形状扁平,颜色为红色。赶海的时候有时会碰到。

电鳐的发电器官在身体的表面,一碰到它的身体,电鳐就会放电。这大概是这种鱼的防卫能力吧。

此外,人们通过心电图来检查心脏的状况。作为人的血液泵的心脏也是一个发电装置。当我们的肌肉收缩时,手腕和脚都会产生电。心肌以一定的频率持续地伸缩,也会放出电。心脏放出电的频率为 0.1~2000Hz,电压为 1~2mV 的脉冲波状交流电。

根据生命体内部电流分布的变化,利用电来检验身体表面的电位差,放大幅度后在记录纸上记录下来的图形就是心电图。如果心脏有病变,图表的波状会发生很多种变化,从而可以诊断疾病。

▲电鳗

◀希伯来鳐的发电装置位于眼睛两侧与胸鳍相连接的根部。蜂窝形的六角柱体是其发电兼蓄电装置。一次可以放出电压为 50~60V 的电

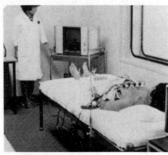

▲正在照心电图

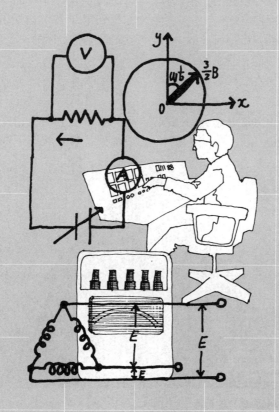

电的基础知识

静电·电流

从小学开始，实验里肯定会有物体相互摩擦起电的实验。在黑暗的房间里脱下化学纤维制成的衣服时，有时会看到火花，有时还会听到噼里啪啦的声音。这就是通常所说的"摩擦起电"。摩擦起电时，相摩擦的物体是非导体。

使用电灯或者看电视时用的电线中应该是有电流流过的。电线中电并不是我们在学校做实验时可以吸起小物体的那种电。

在实验中，两种物质相互摩擦所起的电不能流向任何地方，而是处于静止状态的，称为静电。与静电相对应，可以在软线等电线中流动的电，称为电流。

那么，所说的摩擦起电到底是怎么一回事呢？电是从什么地方来的呢？

因摩擦所起的电不是从什么外界来的，而是存在于物质内部。物质是原子的集合，而原子又是由原子核和电子构成的，电子带有负电荷，原子核带有正电荷。但是，正电荷和负电荷相中和，看起来物质就像没有电一样。使物质相互摩擦时，一方的电荷流向另一方，得到电子的一方带有负电，而失去电子的一方则带有正电。在这个时候，哪一方得到电子是由物质的电位次序所决定的。下图是电位次序的一个例子。

$\oplus$ ←————————————————————→ $\ominus$

| 侧皮 | 兽皮绒 | 法兰 | 羽毛 | 玻璃 | 云母 | 绵 | 丝绸 | 木材 | 琥珀 | 塑料 | 金属 | 硫黄 | 橡胶 | 硬橡胶 | 侧胶 |

摩擦使电出现，并且摩擦后电子会移动或消失。静止状态下的电叫做静电。在漫长

▲摩擦塑料垫板会产生可以吸引纸片的静电

▲雷是储存在大气中的静电的放电现象

的时间里，由于电子在带电物体和地球或者和其他物体之间的移动，这个带电的物体也就失去了电。

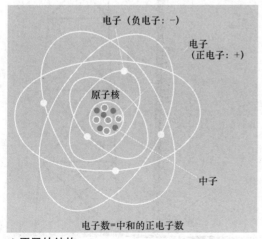

▲原子的结构

为了得到向某处移动的电，可用导线把带电物体连接起来，电子移动的瞬间也会有电流流过，这时的电叫做电流。

但是，这种瞬间的电流不能随意地使用。那么，为了得到连续的电流，我们应该把电存储在什么地方呢？通常，蓄电池是存储电流的最佳的装置。蓄电池使电能转化成化学能量（物质的性质发生了变化）存储起来；要使用的时候，再瞬间把化学能量转化成电能释放出来。

这种能量的转化可以持续一定的时间，转化的电能可以作为电流来使用。在没有发电机的时候，物理学家在实验中所使用的大电流通常是用大量的电池得到的。

发电机是通过物理手段来得到电流的。现在的发电站，借助于水坝中水的冲击力使水力发电机运转，或者借助于燃烧燃油以及利用原子能所产生的蒸汽来使涡轮发电机工作。

本书研究的主要对象是电流。

▲产生电流的发电机（蒸汽涡轮发电机）

电压·电流·电功率

水是从高处流向低处的，这种水的位置叫做水位，高度的差叫做水位差。

电和水一样，也有高低。因为是电的高低，所以叫做电位，而且电也是从高处流向低处的。如同水一样，可以把电位的差叫做电位差，又叫做"电压"。人们规定它的单位，和水位差用米等来表示一样，电压的单位叫做伏特，用字母 V 来表示。

一节干电池的电压是 1.5V，应该也可以说电压是 1.5 "电气米"。把两节电池连接起来（这种方式叫做串联，见第 31 页），其电压就是 3 "电气米"，也就是 3V。

即使是相同量的水，在 1m 高处和在 100m 高处，水流的强度也是不一样的。水位越高，其作用力就越大。电也一样，电压越高，也就是电位差越大，电就越容易流动，也就越能发挥更大的作用。

就水而言，如果 1m 高的水有 100L，根据 100L 的水在多长时间内流完，可以得出水的流量是 ∆L/s。

如果把电比喻成水……

把"水"字换为"电"字，就是电压×电流×电功率

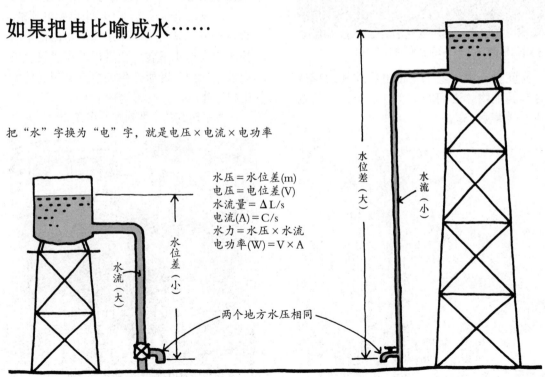

水压＝水位差(m)
电压＝电位差(V)
水流量＝∆L/s
电流(A)＝C/s
水力＝水压×水流
电功率(W)＝V×A

水位差（小）

水流（大）

水位差（大）

水流（小）

两个地方水压相同

24

▲将两节电压为 1.5V 的干电池串联，可以得到
3V 的电压

▲电源电压是 100V，所以使用电功率为 750W 的
电器时，流过的电流为 7.5A

对于电流，把 1s 内流过 1C 的电流叫做 1
安培。安培是表示电流大小的单位，用字母
A 来表示。

如果 1m 高度的水有 100L，根据水流的
横截面积的不同，水有可能用 100s 流完，
也有可能在用 10s 流完，因此水流的强度也
就有所不同。我们把 100s 流过 100L，换句
话说，1s 流过 1L 水流的强度作为水流量的
单位。

再来看看电，所说的 1V 是指 1A 的电流
在这个电位差（电压）作用下将耗费 1W 的
功率。

这里出现了叫做瓦特的功率的单位，这
个单位也可以同样在电工学中使用，即 1W=
1V×1A。

瓦特用字母 W 来表示，瓦特是功率的单
位，在电工学里叫做电功率。

就水而言，1m 高度的水有 100L，那水
的量是 100L。电的量又如何表示呢？一定
的力在一段时间内起作用，就构成了力的
量。所以，电的量也是简单的乘以时间就可
以了。这时，时间用 h 来表示，则电的量用
J（W·h）来表示，就叫做电能。

还是水的问题，1m 高度的水 100L 和
100m 高度的水 100L，水的量都是 100L。但
是，其中水位差大的一方，即 100m 高度的水
所起作用的力要大，也可以认为与高度成正
比。电功率也如此。所以，无论电压还是电
流，不管是哪一个变大，或者是两者都变大，
电功率都会变大。而且，如果再乘以时间 h，
即电压、电流变大，电能也就变大。

导体·绝缘体·半导体

各种不同的物质有着各自不同的性质。说起电方面的性质，首先我们要介绍的性质是物质的导电能力。由于分子结构以及更为复杂的原因，物质的这种性质是不同的。因此，可以把物质分为容易导电的物质、不易导电的物质以及介于前两者之间的物质。

容易导电的物质叫做电的良导体或者导体，不易导电的物质叫做不良导体或者非导体，介于前两者之间的物质叫做半导体。

而且也有只可以从一个方向流过电的物质，这个一般也被叫做半导体，如所说的锗、硅等物质。

因为导体常应用于导电的场合，非导体常应用于防止电向其他的地方流出、使物质绝缘的场合，所以非导体又叫做绝缘体。以上术语，即使不进行特殊的说明，一般也应该明白。

下面要讲的问题是电阻。电阻正如它的

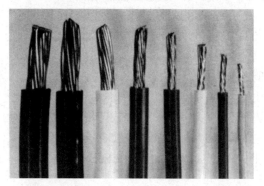

▲电线内侧是电阻很小的"导体"，外侧是电阻大的"绝缘体"。另外，电线越粗电阻越小，电线越细电阻越大

▼金属的电阻率（×10⁻⁸Ω·m）

银	1.6	钨	5.5
铜	1.67	镍	6.84
金	2.3	铁	9.71
铝	2.69	铂	10.6
镁	3.9	水银	95.8

字面意思，可以说成是对电流的阻碍作用。

那么，因为电是从电压高处流向电压低处的，所以两处的电压应该可以说是使电流动的原动力。这样一来，电压越高，电流也就越大。

把 ϕ1mm 的铜线缠绕在 ϕ30mm 的圆桶上，缠绕 50 次后，构成一个线圈。在这个线圈的两端加上 50V 的电压，电流就是 0.5A。如果把电池换成 100V 的电压，电流的大小可以通过公式得出，即

$$电压 = 常量 \times 电流$$

这里的常量，是某种导体（在这指的是铜线）的电阻 R，其单位叫做欧姆，用希腊字母 Ω（omega）来表示。因为其是电流过的障碍，所以叫做电阻。

导体的电阻小，绝缘体的电阻大，大到使电流不能通过。

电阻应如何表述呢？可以说，电压相同，电流的大小如果是原来的两倍，那么电阻就是原来的 1/2。相反的，同样的电流流过，电压如果是原来的两倍，电阻也应是原来的两倍。通过上面，我们可以看出电阻和电压、

电流之间的关系，这就是教科书中必定会出现的欧姆定律，与之相对应的公式为

$$R=U/I$$
$$U=RI$$
$$I=U/R$$

在这本书中，我们不再详细介绍欧姆定律了。

总而言之，各种物质有其不同的电阻率。某种物质长度为 1m，横截面积为 $1mm^2$ 时的电阻叫做这种物质的电阻率。而且，电阻与其长度成正比，与横截面积成反比。

因此，向较远的地方输电的时候，要使用粗的电线。用铜以外的电阻率大的金属作为导线时，应该选比较粗的导线。最好的例子是电车，为电车供电用的电线，使用的是电阻率小的铜，所以较细。用作为电流回路

▲虽然铁轨的电阻率大，但由于铁轨比较粗，所以没有什么妨碍的

的轨道使用的则是电阻率大的铁，因此较粗，这样才不会发生故障。

而且，后面提到的发动机等各种各样的电动机都被认为是电阻。

用交通图来表示导体、绝缘体、电阻……

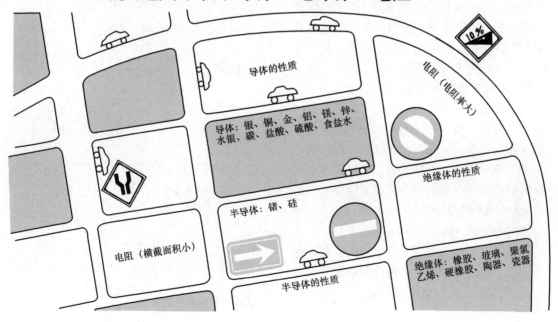

导体的性质

电阻（电阻率大）

导体：银、铜、金、铝、镁、锌、水银、碳、盐酸、硫酸、食盐水

绝缘体的性质

半导体：锗、硅

电阻（横截面积小）

绝缘体：橡胶、玻璃、聚氯乙烯、硬橡胶、陶器、瓷器

半导体的性质

直流电·交流电·频率

如同水的流动被称作水流一样，电的流动称为电流。众所周知，电流可以分为直流电和交流电。

直流电是指流向固定的电流，用符号 DC 来表示。电池提供的电流就是直流电。

交流电是指流向随时间作周期性变化的电流，用符号 AC 来表示。一般的家庭用电和工厂的动力用电都使用交流电。

这样的解释让人感觉太简单了，再深入地来分析一下吧。

把电灯接在 100V 的电源上。不管电源是直流电还是交流电，电灯都会亮。但实际上并不是如此简单的，接直流电的电灯亮度没有变化，接交流电的电灯却会以一定的周期一会变暗、一会变亮。然而，人的眼睛却看不到这种变化，因为每次电灯的钨丝刚冷却下来，灯光还没有变暗的时候，钨丝又马上变热，灯光就恢复为原来的亮度了。

也就是说，交流电不是电流的方向单纯地发生改变。在电流方向发生改变的同时，电流的大小也从最大值（和电压一样，见第24页）逐渐变为0；接下来，电流向相反的方向流出时，电流的大小又逐渐地变大，然后又从最大值变为0，之后不断地向反方向进行相同的变化，如右图所示。

交流电的电流方向发生这样的变化，电压的正、负极也改变了，电流和电压值变为0。涉及交流电反向变化的周期时，往往要考虑 1s 内变化多少次，即频率。在日本，交流电的频率有 50Hz 和 60Hz 两种。交流电的频率是由发电机的磁极数和转速来决定的，单位叫做赫兹，用字母 Hz 来表示，可以用来表示电波、水波和振动等的频率。

另外，在日本发电站送出的电都是交流电。而且，大部分的电动机用的都是交流电。这是因为交流电使用起来很方便，尤其是可

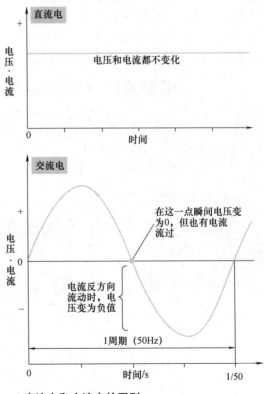

▲直流电和交流电的区别

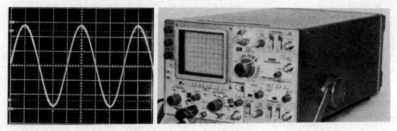

▲在示波器的显像管上所看到的交流电的波形图

以方便地用变压器自由地改变电压。

但是，直流电也有其方便之处，有时必须使用直流电。因此有必要把发电站送来的交流电变成直流电。把交流电变成直流电的过程叫做整流，把完成这一工作的设备叫做整流器。下图就是整流器的一个例子。此外，第26页所讲的半导体也被用于整流。

本书第133页以后的电气设备中，除了焊接设备以外都采用直流电。

把交流电变为直流电的装置·整流器

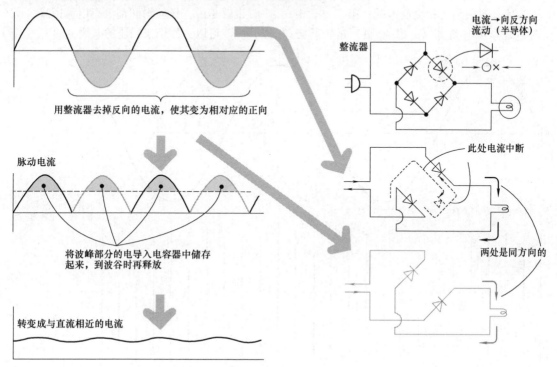

用整流器去掉反向的电流，使其变为相对应的正向

脉动电流

将波峰部分的电导入电容器中储存起来，到波谷时再释放

转变成与直流相近的电流

电流→向反方向流动（半导体）

整流器

此处电流中断

两处是同方向的

单相交流电·三相交流电

第 28 页所讲的交流电，电流的方向在 1s 内按频率数变化。因此，电流通路的电线最好有两根。这种电流和电压方向同时变化的电，其实就是一种交流电，这样的交流电叫做单相交流电。家庭用的交流电是 100V 的单相交流电。

通过对直流电和交流电的介绍，单相交流电应该已经讲清楚了。但是，用于工厂动力的交流电则是三相交流电。三相交流电如图所示，交流电在一个变化周期内彼此相差 1/3 周期。换句话说，三相交流电由三个单相交流电组成。

为什么要用到三相交流电呢？第一，三相交流电是异步电动机（见第 40 页）运转所必需的，也便于产生旋转磁场，而且这种异步电动机的结构很简单（见第 42 页）。当然，两相交流电也可以产生旋转磁场，并且在美国已经可以发出两相交流电了。

第二，三相交流电使用 3 根电线。由于单相交流电是用 2 根电线，因此三相交流电本应该是 6 根，但事实上却是 3 根。这是因为当单相交流电以 120° 电角度偏离时，如下图所示，不管在哪个瞬间，3 根线返回电流的方向都是反向的。因为只是流过的量相同，正电和负电相互抵消，其和为 0。

也就是说，任何瞬间都没有电流回来。所以，应该可以去掉用于回流的电线。

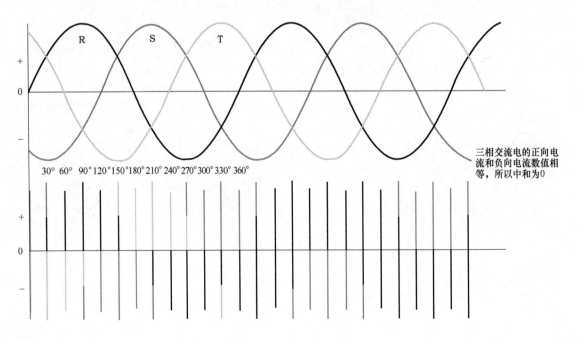

R　S　T

30° 60° 90° 120° 150° 180° 210° 240° 270° 300° 330° 360°

三相交流电的正向电流和负向电流数值相等，所以中和为 0

串联·并联

串联和并联是电路的两种连接方式。不知本书的读者是否进行过电路的串联或并联。即使做过，应该也只是利用干电池进行的小功率电路的连接改造吧。

可以这样认为，一般所连接的电路，无论是家庭用的，还是工厂用的，都是并联的。如果不是并联，把从输电线得来的 100V 或者 200V 的电压，连接到串联的电动机的两端，那电动机就不能正常运行了。

串联和并联如图里所示，这些内容一般在教科书中都有。如果是串联，根据第 26 页的欧姆定律，电压也会发生变化。

但是，有时必须使用串联。比如电车，电车的发动机是他励直流电动机（见第 48 页）。在开始运行的时候，因为需要很强的电力，所以要把发动机串联，而且电阻器也要串联起来，使电压降低，从而可以使大电流流过。

圣诞装饰灯也是把小的灯泡串联起来，然后接到 100V 电源上的。

使用电池的电器，如收音机、盒式录音机、手电筒等，它们都是把 2~6 节电池串联使用的。每串联一节电池，电压就会增加 1.5V。

汽车上的蓄电池，每节的电压是 2V，串联连接 6 节蓄电池，电压就变为 12V 了。请查看蓄电池的正负极的连接方法。

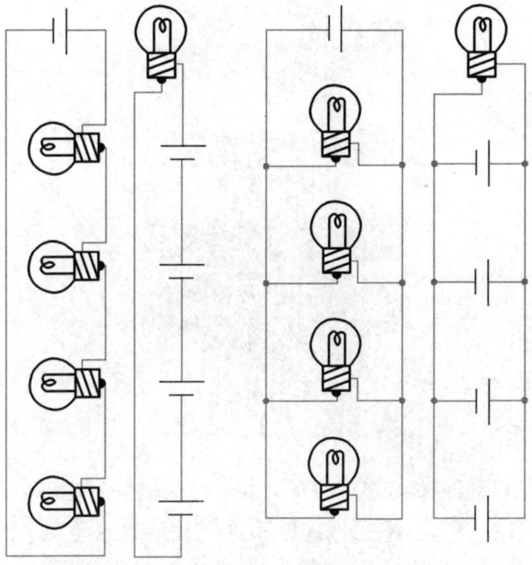

串联

并联

▲电车开始起动时，电动机和电阻器串联连接

▲把圣诞装饰灯串联后接在 100V 的电源上

31

电和磁

电和磁之间有着极其密切的关系。电和磁、电场和磁场、电力线和磁力线，这些术语都是相对应的。这种对应的物质之间存在着相互作用，这种作用可应用在实际的生活和生产中。

一般在教科书中经常出现的实例就是电动机和发电机的例子。此外，应用电和磁的还有把导线缠绕在铁心上，使电流通过来制成的电磁铁（这个也应用于电动机和发电机中）等很多例子。

众所周知，磁铁的 N 极和 S 极相互吸引，N 极之间或 S 极之间相互排斥。但对于负电荷和正电荷相互吸引，正电荷之间或负电荷之间相互排斥的现象，虽然我们不能通过眼睛观察到，但可以通过用带电的物体做实验来进行验证。虽然磁和电一样都是用眼看不到的，但像照片中那样利用磁铁同极相斥的原理，可以使铁粉沿磁力线分布。

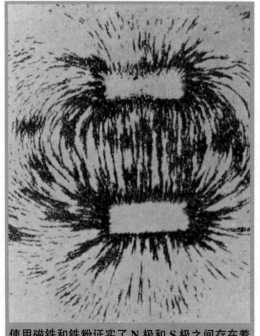

使用磁铁和铁粉证实了 N 极和 S 极之间存在着磁力线。磁力会通过最短的距离向磁阻小处移动

这是最能体现磁的排斥力的示意图。由于 N 极和 N 极、S 极和 S 极间的排斥力，可使磁铁悬浮在空中。否则，由于磁铁的重量，这些磁铁会落到下面

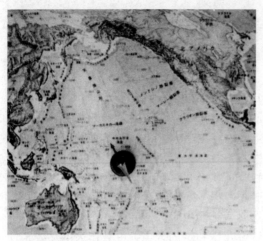

▲磁铁指向的方向是 N 极

磁的存在、磁力线的状态及磁场都可以用磁铁和铁粉做实验来证实，像照片一样可以用眼睛观察到的，这些都和电力线的情况类似。

这里所说的磁是一种可以吸引以铁为代表物质的磁性体。这种吸引力的来源就叫做磁，而带有磁的物体叫做磁铁。

磁铁有多种形状。我们选用一个棒状的磁铁，用绳子把它水平吊起来，磁铁停止转动后会指示南北方向。这个时候，指向北方的磁极称为 N 极，指向南方的磁极称为 S 极。所以，通过棒状磁铁使我们清楚了 N 极和 S 极。因此，把磁铁磨成针状并将这个小针放在回转轴上，这样就可以指示南北的方向了。

磁铁的周围存在可以吸引铁的作用力。学习理科的学生经常会做一些与磁铁的引力相关的实验，如照片所示，这种磁铁吸引力存在的空间叫做磁界或者磁场。照片里的磁力的线叫做磁力线，而束状的磁力线叫做磁通量。用磁通量的密度来表示磁场的强弱。

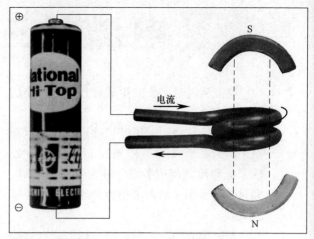

▲给右转的线圈通入电流时，线圈移动的方向是 N 极

这里出现了很多带"磁"的术语。

在磁场中放置磁性体，所放置的磁性体也会带有磁，变成新的磁铁，这种现象叫做磁感应现象。此处所放置的磁性体被磁化，而且新的磁铁变成了磁力线的通路，这时就构成了磁路。

因而，电流的作用（见第 34 页）之一就是，利用磁作用产生各种磁路。形成磁路时，把导线卷成线圈的磁通量比一根导线的磁通量要大。而把铁心放入线圈内时，磁通量会变得更强。根据铁心的形状，磁极的位置也可以随之改变。

此外，还可根据教科书中经常出现的"右手螺旋定则"，把线圈向右旋，使电流流向线圈右旋方向时会产生磁极。其中，朝向旋向的一侧是 N 极，另一侧是 S 极。

人们利用电与磁"同极相斥、异极相吸"的规律不仅制作了电动机，而且利用电流的磁作用制作了发电机。除了这些，人们还制作出了很多种类的电动机。

电流的三种作用

电流流过时，会发生某种作用。电流的作用有 3 种。

一个是磁作用，更确切地可以说是电和磁之间的关系（见第 32 页）。人们很早就发现了电和磁之间的关系，并对其进行研究。而且将其运用于解释书中所列出的各种各样的现象。

最简单的例子就是，把导线缠绕在铁心上，制成的电磁铁。利用电磁铁而制作的还有电磁卡盘、电磁制动器、警报器、门铃等。同样，电动机也是利用电磁铁的原理制作的。

另外一个是热作用。电流流过导体时，电阻自身会产生热量。简单地说，就是电能转化为了热能。为了能更好地利用热作用，必须要将尽可能多的电能转化为热能。所以，这时应选用电阻大的导体。例如，镍和铬的合金及铁和铬的合金，可被作为电热线来使用，应用于电炉、干燥炉等。家用的有，

▲利用电流磁作用　门铃中的电磁铁

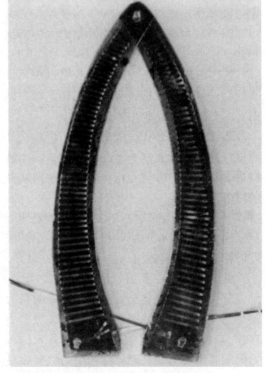

▲利用电流热作用　烙铁中的电热线

34

▲利用电流热作用的灯泡

如电饭锅、电烤炉、暖炉、脚炉、电熨斗等很多电器。

白炽灯（灯泡）也是利用电的热效应工作的。因为温度越高，光就越亮，灯泡的钨丝起到根据电的热效应来使温度升高的作用。由于高温作用，电热线很容易会熔化掉，所以，我们应使用熔点高的钨丝。

电还有一个作用是电化学作用。酸、碱、盐的水溶液都是可以导电的。而且，这种溶液中的盐和碱电解成离子。如果把化合物的水溶液通电，离子就会在水溶液移动运送电荷。电极的物质就会被分解出来。这就是所说的电化学作用。

电流的化学作用经常应用在以下几个方面：如静电喷涂、电铸、电解加工等。利用化学反应产生电的电池是这一作用的反例子。

（左图）

氧和氢的比例为1：2，以气体的形式析出

氧气 O_2 氢气 H_2

水 H_2O

隔膜

氢氧化钠水溶液

正极板（镀铝铁板）   负极板（铁）

▲水被电解为氧气和氢气

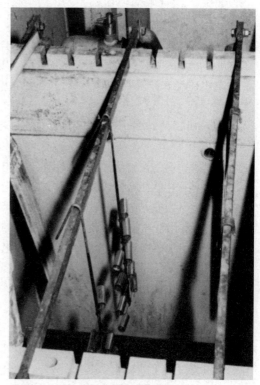

▲利用电流化学作用进行的电镀

35

▲大小各异的汞电池

▲一次性的碱电池

▲蓄电池是二次电池

一次电池和二次电池

　　如今，在日本的任何地方，人们都可以方便地使用电。但是，在人们还不是十分了解电的原理的时候，尤其是在发电机还没有被发明之前，如果想得到电，就只能使用干电池。所以，1799年，伏特发明的伏特电池会在电气史上得到那么高的评价。

　　电池是把化学能转换成电能的装置。伏特电池刚出现时，也进行了各式各样的改良。丹尼尔电池（1836年）就是伏特电池的改良品种之一，丹尼尔电池的使用寿命更长，但是必须定期更换电解液。1868年，雷克兰士发明了一种可以修复老化的电池。1888年，赫勒森发明了电解液呈糊状的干电池，避免了电解液流

出，即现在用的干电池。

　　另外，还发明了许多种电池，这些电池的负极用的都是锌。电池是通过化学反应产生电流的。相反，使电流流入时，也会发生化学反应，其中之一就是充电。通过充电可以反复使用的电池叫做二次电池或者蓄电池。

　　二次电池的电极使用的是铅。相对于二次电池，使用后不能还原的电池，称为一次电池。一次电池不断地出现新的品种，现在实际使用的一次电池体积小，且寿命长。

　　比如，用作照相机自动曝光装置电源的锌汞电池，厚度几毫米，直径1cm左右，是普通干电池大小的1/8，其电动势是1.3V，正极是氧化

汞和石墨的混合物，负极是锌的汞化合物，电解液是氢氧化钾水溶液。

　　手表里的氧化银电池的电动势是1.5V，即使在低温条件下，电池的性能也不会降低。由于它的寿命比锌汞电池的寿命长，也开始用于照相机。

　　另一方面，二次电池也可以制成干电池。碱锰干电池的正极是电解二氧化锰，阴极是锌汞化合物，电解液是氢氧化钾水溶液，它的寿命是一般干电池的3~7倍。

　　一般所说的碱性蓄电池，其正极是氢氧化镍，负极是镉，电解液是氢氧化钾水溶液，电动势是1.2V。与铅蓄电池相比，重量更轻且产生的电流更大。另外，还有密封的蓄电池。

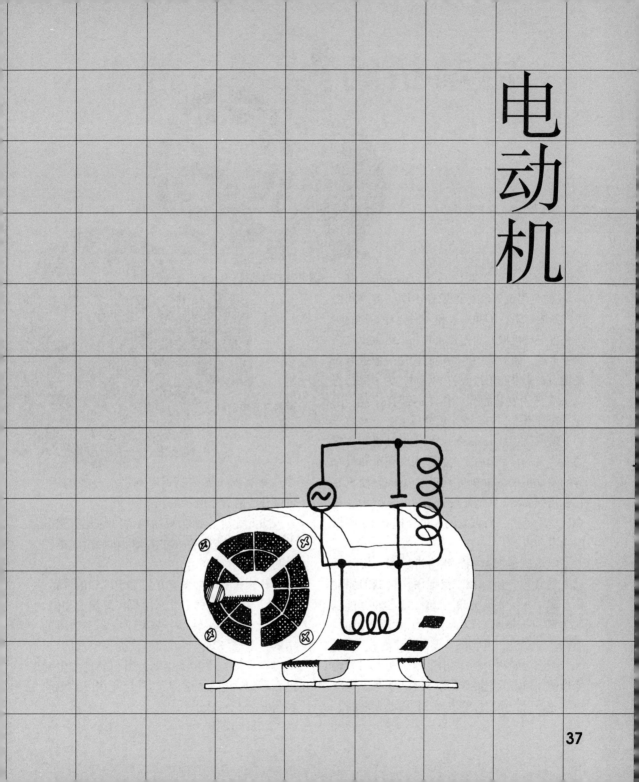

电动机

电动机的　　　种类

▲ 开放式电动机

▶ 封闭式电动机

电动机，可以叫做马达（motor）。由于motor 的英语发音和德语发音不同，英语和德语翻译成日语，不同的人和公司会有不同的叫法。由于与机械方面相关联的外来语主要是来源于英语，而英语中这类词的词尾一般带有 er 或者 or，所以在用片假名书写时，为了保持与原来语言的发音相同，往往不带有长音。因此，在日语中，モーター就变成了モータ。

但英语中的 motor 不仅限于电动机，它指的是广义的"原动机"，如作为摩托车和汽车等的发动机的内燃机也可叫做 motor。而只有在日语中 motor 只是代表电动机。又因为还存在液压发动机，所以有的人也会把 motor 叫做电力发动机。

电动机是把电能转化为机械能（旋转运动）的装置，所以被广泛地用作机械的原动机。除了水上的运输和交通设备之外，可以认为其他机械都是以电动机作为动力源的。所以，电动机和电能都是十分重要的。

正因为如此，在日本国内，我们都可以轻松地使用稳定的电能作为动力源。另外，电从成本、使用、稳定性等方面来说都是便利的。

电动机如果按照其原理进行分类的话，可以分为右表中所示的几类。

除此之外，如果根据电动机的外形来分类，其可以分为开放式电动机和封闭式电动机两种。

开放式电动机没有专门用于冷却的设备，而是以自然通风的方式来给机体降温。当然，这种电动机的旋转部分采取了有利于通风的结构，有空气的入口和出口。如果空气的出、入口在上侧，水和灰尘则会很容易进入电动机，所以，空气的出入口一般开在两轴侧或轴侧面的下半部分。

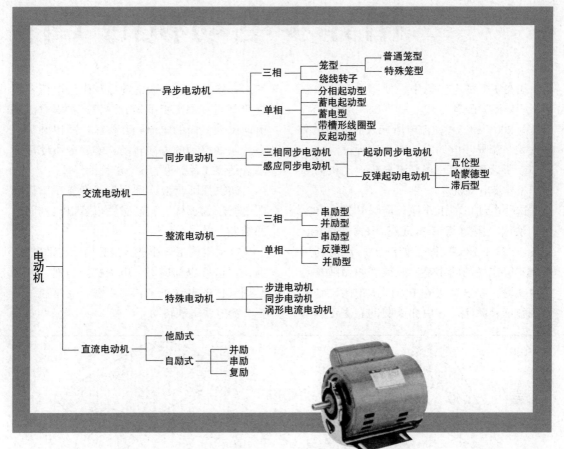

电动机
├─ 交流电动机
│   ├─ 异步电动机
│   │   ├─ 三相
│   │   │   ├─ 笼型
│   │   │   │   ├─ 普通笼型
│   │   │   │   └─ 特殊笼型
│   │   │   └─ 绕线转子
│   │   └─ 单相
│   │   ├─ 分相起动型
│   │   ├─ 蓄电起动型
│   │   ├─ 蓄电型
│   │   ├─ 带槽形线圈型
│   │   └─ 反起动型
│   ├─ 同步电动机
│   │   ├─ 三相同步电动机
│   │   └─ 感应同步电动机
│   │   ├─ 起动同步电动机
│   │   └─ 反弹起动电动机
│   │   ├─ 瓦伦型
│   │   ├─ 哈蒙德型
│   │   └─ 滞后型
│   ├─ 整流电动机
│   │   ├─ 三相
│   │   │   ├─ 串励型
│   │   │   └─ 并励型
│   │   └─ 单相
│   │   ├─ 串励型
│   │   ├─ 反弹型
│   │   └─ 并励型
│   └─ 特殊电动机
│   ├─ 步进电动机
│   ├─ 同步电动机
│   └─ 涡形电流电动机
└─ 直流电动机
    ├─ 他励式
    └─ 自励式
        ├─ 并励
        ├─ 串励
        └─ 复励

▲防滴、防振式电动机

顾名思义，封闭式电动机是为了避免灰尘进入，而把整体都封闭起来的电动机。但是，为了很好地散热，一般会在外表面制造成鳍状来增加散热表面积。另外，也会在轴侧安装上带有旋转叶的外扇，从而把空气送入电动机来帮助散热。

除此之外，封闭式电动机还有防爆式电动机、防滴式电动机、防水式电动机、防腐蚀式电动机、防潮式电动机等。

防爆式电动机具有耐压性结构，可防止由于内部的爆炸引燃外部的可燃气体。防滴式电动机、防水式电动机、防潮式电动机如其字面意思所示，虽然所防止进入机体的对象，即水、水滴、湿气之间的水分含量有所不同，但都采用了防水的结构，防止由于水而影响电动机的性能。

防腐蚀式电动机为了不被化学药品等腐蚀，在结构、材质以及喷漆的方面做了改进。

电动机还可以根据运转速度分为恒速电动机、阶段变速电动机（见第52页）、无级变速电动机。

三相异步电动机的工作

现在所用的电动机中，使用最多的大概是三相交流异步电动机。大概可以这样认为，电压为200V的三相交流电所接入的电动机都是三相交流异步电动机。因为这种读法比较麻烦，所以我们把三相交流异步电动机简称为三相异步电动机。

这种电动机的工作原理应该知道。1824年，法国人阿雷葛（Dominique Francois Jean Arago 1786~1853）做了如图1所示的利用电磁感应作用的阿雷葛实验或者叫做阿雷葛圆盘实验。在这个实验中，图1中的磁铁沿着圆盘的外圈转动，由弗莱明的右手定则可知，在磁铁移动方向的前后产生涡电流。根据弗莱明左手定则可知，因为这种涡电流和流向磁铁方向的电流相互排斥，所以圆盘也向着磁铁移动的方向转动。实验中所使用的圆盘是铜或者铝等的没有磁性的导体。

如果把圆盘换成圆桶型或者笼型，再如图2所示的那样，转动磁铁也可以得到同样的结果。

电动机的工作原理就是必须要转动磁铁，但仅仅这样也构成不了电动机。当然，并不是用其他的电动机来转动磁铁，而是通过三相交流电使磁铁转动。

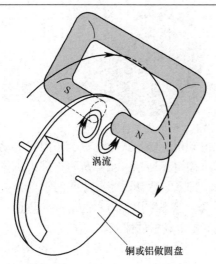

涡流

铜或铝做圆盘

图1　阿雷葛实验

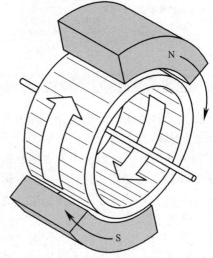

N

S

图2　把阿雷葛实验中的圆盘做成"笼型"，在外侧夹上磁铁。使外侧的磁铁旋转，内侧的"笼型"体也会随之旋转。在外侧的磁铁不旋转的状态下，产生磁铁旋转时同样的效果，这就成为了异步电动机

原理

为了制造电磁铁，将 3 组线圈分别间隔 120° 嵌入铁心槽内。在三相交流电流过时，就产生了由三个线圈组成的组合磁铁（磁场）。这时如图 3 所示，当最大电流通过第 1 相位的线圈时，第 2、3 相位的线圈中的电流都分别变为原来的 1/2。

交流电的频率为 50Hz 或者 60Hz，正极、负极随之变换，而磁铁就以每 $\frac{1}{50}$ s 或 $\frac{1}{60}$ s 的 1/3 时间内旋转 120° 电角度的速度转动。

这样，电磁铁才会转动，所以圆盘、圆桶型以及笼型转子中的磁铁也会发生转动。

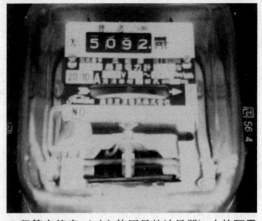

▲ 积算电能表（对电使用量的计量器）中的阿雷葛圆盘

阿雷葛圆盘实验中的异步电动机的工作原理和这个原理完全一样。这个原理也被运用于测定用电量的积算电能表。可仔细地看一下家庭用的电能表。

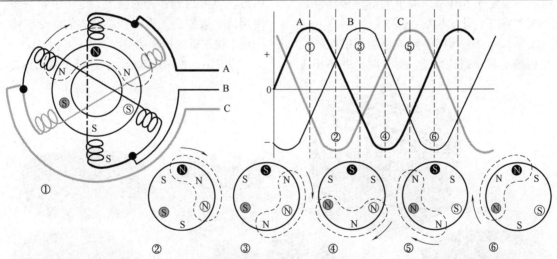

图 3 电动机的状态①对应于交流电流波形的位置①。因为 A 相电流为正，所以电动机状态①的 A 相是Ⓝ。又因为 B、C 相的电流为负，所以 B、C 相是Ⓢ。当然，其相反侧的磁极分别是 S、N。在状态②中，B 相为正向，所以在电动机②中 B 相也变为 N 极。在状态③中，因为 A 相电流为负，所以电动机③的 A 相也就变为Ⓢ。以下图中的状态④~⑥请按以上方法依次类推。根据Ⓝ和Ⓢ的变化，可知定子的磁极与旋转的次数有关。

三相异步电动机的 结构

在各种各样的电动机中，三相异步电动机的笼型结构是最简单的。

下面将其拆开来分析，下图的照片中是全封闭外扇式电动机拆开后的部件。全封闭外扇式电动机是在电动机的外侧安装旋转风扇，把空气推送到电动机的外表面，从而使机体向外散热。

严格地讲，转子两侧装的滚动轴承和定子上安装的外层构架、机壳都是不能再分解的。总之，以上就是全封闭外扇式电动机的主要结构，它是由定子、转子以及转子两侧的支撑部分组成的，即由3种部件、4个部分构成的。

这些部件没有规定的名称，比较通用的叫法只有定子和转子，剩下的部件根据制造商或者书的不同，叫法也不同了。

那么，对全封闭外扇式电动机的机械性结构的了解先到这里吧。拆分时，并不把定子从外部结构中取出或者把线圈取出，同时这也是不允许的。因为取下定子的笼和轴并不容易，而且重新安装时还要考虑到机械的平衡问题以及成本问题。另外，由于这些部件是永久结合的，所以不应该把它们分解开。

下面说一下笼型转子。在理论上来说，笼型比圆桶型的效率更高些，而进一步来说，把铁心放入笼中的工作效果会更好。所以，在生产笼型转子时，应把硅钢板叠成的铁心并和非磁性的笼（铝质）铸为一体。因此，它们是不能被拆开的，也就不能够通过拆开来了解笼型结构。

为了制造出全封闭外扇式电动机散热的鳍形，再考虑到外壳的强度，定子的箱一般使用铸铁来制造。而一些小功率的电动机使用成本比较低的钢板制造。

设计电动机两端部分时，必须要考虑到其

▲三相异步电动机的结构中间的是转子，左上方的壳体里固定着定子。

转子铁心

利用铝将铁心和槽铸为一体

滚动轴承

定子铁心

定子线圈

定子外壳

▲剖开定子。转子被安装在外环两端上，用铝材铸造成一整个笼型转子结构

对轴承的支撑强度以及定子和转子之间的接触精度。所以，两端部分会用到很多的铸造件。剩下的部件是将这些部件组装起来的螺纹紧固件（螺栓等）。

另外，家用电器中也会采用单相交流异步电动机。电流变为单相交流电，因为转子还是一样的，所以由于转矩不同，笼型转子被设计成了倾斜的，如：电风扇、洗衣机、水泵、电冰箱、换气扇等的电动机。

还有一些小功率的电动机的转子采用可以辅助其起动（见第46页）的凹槽式结构。定子和照片中一样都只有一根导线，而铁心却是完全不同的形状。用小螺钉把支撑两侧的轴承（大多是烧结含油轴承或无油轴承）固定到铁心上。

▲台式电扇的电动机转子。其笼型转子呈倾斜状

▲左为单相笼型电动机的转子，右为凹槽式电动机的转子

43

电动机的规格及铭牌

电动机有很多种，其中有一些是有一定规格的。制造厂大量生产和销售的都是有规格的电动机，但不同厂家的产品名称略有不同。虽然电动机的规格参数都是些与电相关的很专业的知识，但是对于本书的读者，了解电动机的规格是很有用的。

而且，根据这些规格，电动机上的铭牌标明了电动机使用的条件。不仅如此，其他

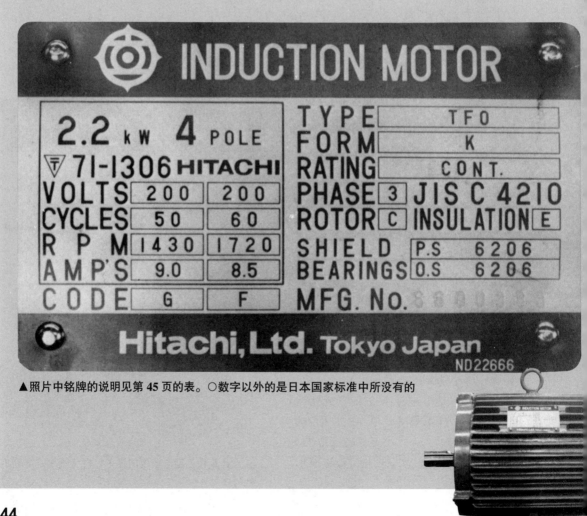

▲照片中铭牌的说明见第 45 页的表。○数字以外的是日本国家标准中所没有的

一些没有规格的特殊电动机上也标示着和规格电动机一样的内容。所以，我们看到铭牌，就可以了解这种电动机的功率以及使用条件。

例如，下面的照片就是一般称为"E 种电动机"的低压三相笼型异步电动机（一般用 E 种）的规格产品的铭牌。

在日本国家标准中对以下项目有所规定：

① 名称（三相异步电动机）

② 绝缘的种类（E 种）

③ 转子的结构（普通笼型的符号是 C）

④ 极数

⑤ 额定输出功率（kW）

⑥ 额定电压（V）

⑦ 额定频率（见第 28 页）

⑧ 电流（全负荷电流的近似值）

⑨ 旋转速度（额定功率条件下每分钟转速的近似值）

⑩ 起动阶段

⑪ 电动机的类型符号

⑫ 生产编号或者机械编号

⑬ 生产商名或者其简称

⑭ 生产日期（如果是小功率电动机的批量生产，则可以省略）

① INDUCTION MOTOR		
⑤ kW ④ POLE ▽ 形式确认编号	TYPE FORM RATING	⑪（形） ⑪（式） 额定
VOLTS ⑥ ⑥ CYCLES ⑦ ⑦ RPM ⑨ ⑨ AMP'S ⑧ ⑧ CODE ⑩ ⑩	PHASE ROTOR SHIELD BEARINGS MFG.No	相数 ③ 铭牌No. 轴承No. ⑫ INSU LATI ON ②
⑬		

JIS⊖（日本国家标准）规格的电动机，除了低压三相笼型异步电动机（一般用）之外，还有很多。而它们铭牌上所标的项目中，除了电动机种类不一样之外，其他大致是通用的。

下面对几个项目进行详细说明。

● 绝缘的种类

在日本，有规定电器的绝缘种类的 JIS 标准，即对各种电器耐热性所规定的日本国家标准。电动机是电器的一种，所说的 E 种电动机是指在 120℃ 以下绝缘的电动机。在早期，广泛使用的是在 105℃ 以下绝缘的 A 种电动机。随着新材料的出现和制造技术的不断进步，E 种电动机的使用越来越多。

● 转子的结构

E 种电动机，应按如下规定选用转子的结构。

普通笼型	C	3.7kW 以上
特殊笼型1类	K1	5.5kW 以上
特殊笼型2类	K2	5.5kW 以上

● 极数

与旋转极数有关系（见第 53 页）。照片中的旋转极数是 4 极。

● 起动阶段

在日本，异步电动机的起动有日本国家标准。在不使用起动装置的情况下，即输入功率相当于输出功率，把起动阶段分为了 A~V 的。起动阶段离 V 级越近，所需要的输入功率越大，也就是说在起动时流入的电流越大。

⊖ 日本工业标准（JIS）是日本国家级标准中最重要最权威的标准。由日本工业标准调查会（JISC）制定。

——译者注

起动方法

▲起动电流为额定电流的数倍

使静止的物体运动起来所要用的力要比使物体保持运动时所用的力大。电动机也是一样，起动处于静止状态的电动机需要很大的电流。这时，起动电流一般是额定电流的数倍，容易引起很多的问题。

此外，由于电动机不同其起动方法也有所不同。使用最多的三相笼型异步电动机的起动方法就有以下几种。

● **直接起动**

第一种起动方法叫做全压起动或直接起动。这种方法是用手动开关、电磁接触器等直接将电动机加上额定电压的起动方法。

这种起动方法不用特殊的设备，只要闭合开关，让 5~7 倍的额定电流流过就可以使电动机起动。若电源的电压较小，而给某一个电动机的电压较大，则其他的设备也会受到影响。若起动或停止某一个电动机的次数较多，则由于起动电流变大，有时也会引起电动机过热。因此，这种起动方法主要适用于输出功率较小的电动机。

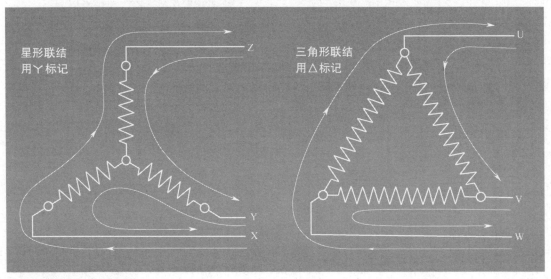

▲星形联结和三角形联结

● **星形·三角形起动**

另外，还有星形 - 三角形起动的方法。这种起动方法是当电动机开始起动时，三相绕组呈星形联结；当电动机开始运转时，三相绕组呈三角形联结。这种起动的方法适用于经常频繁进行起动、停止、反转的车床。

如下图所示，当三相绕组呈星形联结时，三相的各根导线中分别有两根导线变成串联，电压下降、电流变小。当三相绕组呈星形联结时，由于电源电压的叠加，额定电流变大。

这种切换可以手动控制，也可以用计时开关来控制。

看一下星形 - 三角形联结的接线形式就可以发现：星形联结很像希腊字母 λ，因为它就像是把Y倒过来，所以常用Y来表示。

为了满足星形 - 三角形起动要求，在电动机的内部设置了两种联结形式，用于星形联结和三角形联结的接出线各有三根。为了区别，用于△联结的三根线分别用 U、V、W 来表示，用于Y联结的三根线分别用 Z、Y、X 来表示（见第 108 页）。

● **自耦变压器减压起动**

自耦变压器减压起动的方式常用于中型及以上的电动机。这种方法是利用变压器降低电压来起动电动机，并随着电动机的运转来切换变压器的插头使电压上升。

● **串电抗器·减压起动**

这种起动方法是在定子电路中串联接入电抗器使电压下降的串电抗器减压起动。由于线圈变热，使电压下降。

绕组电动机的起动是用转子电路中的接入电阻的方式。由于电阻的变化，转速和转矩都会随之变化，所以这种电阻不仅可以用于电动机的起动，还可以用于对转速的控制。

绕组电动机起动时，不管是用自耦变压器减压起动，还是用定子串电阻起动或电抗器减压起动，都要在电动机上安装其他的起动装置。

▲正转（星形）

▲反转（三角形）

直流电动机

我们都知道，磁铁有 N 极和 S 极，而且同极相互排斥，异极相互吸引。所以，如下图所示转动条形磁铁时，条形磁铁会由图 1 所示的状态开始经过图 2 所示的状态变为图 3 所示的状态。如果像图 3 所示转动条形磁铁，条形磁铁会在图 2、图 3 所示的状态之间反复变化。所以，随意地使 N 极和 S 极调换是不可能的。

但是，把磁铁换为电磁铁，在图 3 所示的状态下调换电源的正、负极，却是可以实现的，这就是直流电动机的工作原理。那么，怎样把电源的正、负极简便地对调过来呢？最容易理解的就是模型用的电动机。把定子两端的导线如照片中所示连接，当电磁铁处在图 3 所示的状态时，电流的正负极马上对调过来。这时，不改变定子一侧的 N 极和 S 极也可以。

模型用的小功率电动机的定子是永久磁铁。对于实际使用的电动机或者动力机械上用的电动机来说，由于制造那么大的磁铁比较难，而且与磁铁相比，电磁铁的价格比较便宜，所以实际使用的电动机或者动力机械上用的电动机多使用线圈缠绕在铁心上制成的电磁铁。

和转子一起转动，并起到对调电流方向作用的装置叫做换向器，而把换向器和电源相连接的装置是电刷。

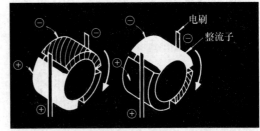

▲换向器和转子一起旋转。当+极和−极发生变化时，转子的 N 极和 S 极也发生变化

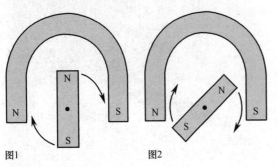

图1　　　　　　　　图2

▲直流电动机的工作原理

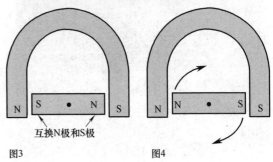

图3　　　　　　　　图4

互换N极和S极

从图 3 所示状态到图 4 所示状态时，由于向同方向旋转所产生的惯性，两极的旋转一定会摇摇摆摆的。所以，在实际运用中，电磁铁之间是有一定间隔的，而换向器则应对应安装，才能保持转动的平稳。

直流电动机的种类如第 38 页所示共有三种。它们之间的区别如下图所示。

并励直流电动机的励磁绕组（定子）和电枢绕组（转子）是并联的。在励磁的一侧串联电阻，当励磁绕组（定子）中电流发生

▲电车的直流电动机（右侧）

变化时，电枢（转子）的旋转速度也会发生变化。而当负载发生变化时，旋转速度则基本不会发生变化。

串励直流电动机的励磁绕组（定子）与电枢绕组（转子）是串联的。串励直流电动机的转矩与电枢电流平方成正比，旋转速度与电流成反比。因此，当电动机开始转动时，转动的速度较慢而转矩较大；当电压下降、电枢电流变大时，旋转速度较慢（成反比），转矩较大（平方关系），故适用于电车和起重机。空载时，转速甚高，会对电动机有所损害，因此一般不允许。

复励直流电动机的性质介于并励直流电动机和串励直流电动机之间。

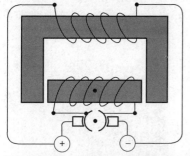
并励直流电动机

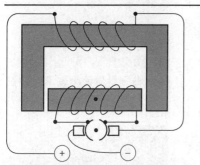
串励直流电动机

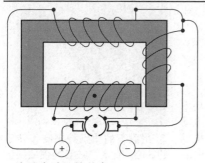
复励直流电动机

▲直流电动机的种类

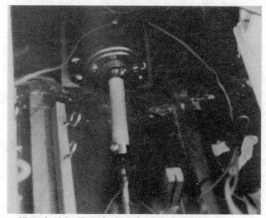
▲模型电动机是用电池为电源的直流电动机

试着制作电动机

电动机的工作原理如第48页所示。那么，电动机是不是会按所说的工作原理运转呢？我们可以使用身边的日常工具，一边带着疑问一边去试验。做这个试验并不需要花很多钱，只是费一些工夫而已。如果做出的电动机可以正常转动，那就可以验证电动机的工作原理了。

我们需要准备的有：2节干电池，3根3寸铁钉（约9cm），3个大曲别针（长约5cm），6个图钉，一定长度的φ0.6mm漆包线，一块长150mm、宽100mm、高15mm的木板和一卷绝缘玻璃胶带，以及一些工具如尖口钳、小刀和锤子等。如果没有大曲别针，也可以用φ1.2~φ1.5mm的铁丝。

制作方法请按照片上所示的步骤进行：②是轴承的制作，③~⑦是转子的制作，⑧和⑨是定子的制作，⑩和⑪是组装，⑫是成品。

将这个装置两端与电池串联连接，使电流接通后，电动机会平稳地运转，如照片所示。

在连接电池之前，有必要对所做的装置进行严格的调节。通过调节应确保轴的漆包线不与轴承接触，两个定子与转子之间留出空隙，使之不相摩擦。

换向器的位置也有很严格的要求，既要保持换向器与电刷接触，又要避免电刷与换向器接触得太松或太紧。因为这个电动机的输出功率小，所以如果电刷的弹簧弹力过大，那么会由于摩擦阻力过大，使电动机不能运转；而如果电刷的弹簧弹力过小，则电流不能流过，电动机也不会运转。请对以上的操作进行耐心细致地调节，这样电动机一定会转起来。

① 使用的材料。没有曲别针时可以使用针。

② 用曲别针做两个轴承。注意要使这两个轴承对称，而且高度相当。

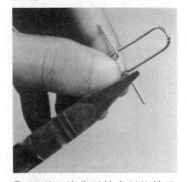

③ 用剩下的曲别针来制作转子的铁心。此时，注意要使曲别针的大小相同且同轴。

④ 将漆包线叠成双层，往复地缠绕 40 次左右，然后再缠绕另一侧。

⑦ 剥下漆包线的外皮，制作换向器。这样，转子的制作就完成了。

⑩ 用图钉将轴承固定到木板上。轴承留有一定的间隙，应确保不会碰到转子轴的胶带。

⑤ 用漆包线缠绕转子。因为是用一根线来绕的，所以两侧缠绕的方向应相同。

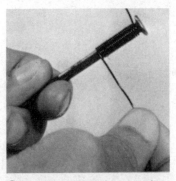

⑧ 将漆包线缠绕到钉子上来制作两个定子，缠绕的方向与转子相反。

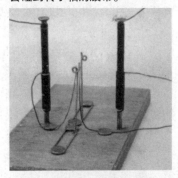

⑪ 用锤子将定子固定到木板上，用一个定子的漆包线和另一个定子的漆包线做成电刷。

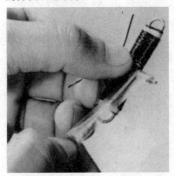

⑥ 轴部缠绕胶带。这是为了防止转子与轴承脱离。

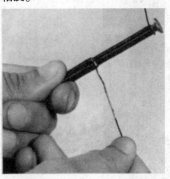

⑨ 缠绕 6cm 左右，然后在钉子的中部再缠绕 3cm 左右。线头稍微留长一些。

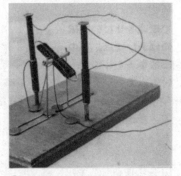

⑫ 两个定子的漆包线如照片所示来连接，然后装上转子，就完成了。

磁极数·转速

三相交流异步电动机的同步转速可由下面的公式得出

$$n = \frac{120f}{P}$$

在公式中 n 为转速（r/min），f 为频率，P 为磁极数。磁极数 P 是一相的 N 极、S 极的个数之和，最小是 2。若一相有 2 个极，但是，并不要因为三相交流电动机是三相的，就认为三相交流电动机有 6 个极。

频率 f 如第 14 页所示，因为在日本用电的频率有 50Hz 和 60Hz 两种，所以即使是同一种电动机，由于所在的地区不同，转速也会有差别的。电动机在两种频率下的转速都应该写在铭牌（见第 44 页）上。

通过以上介绍我们可以知道，如果增加电动机的线圈数，转速就会降低。因为 1 根导线有 2 个极，所以增加线圈，磁极数就会以 2 的倍数增加。随着磁极数的增加，转速就会成反比例地减小。

那么，为了使机械在一定的范围内变速，可以先增加磁极数，再通过开关进行切换来使机械变速。

机床要进行 2~3 级的变速，就是通过齿轮的切换来改变电动机磁极数。但是，为了避免线圈不起作用，必须以 2 的偶数倍来增加磁极数。否则，机床将不能正常地进行变速。

另外，实际的转速还要减去电动机的转差率，所以公式应该是

$$n = \frac{120f}{P}(1-s)$$

转差率 s 一般是（5~10）%。

▲三相异步电动机的磁极数是 4（因为各个相位都是 4 极的，所以线圈的数量是 3×4=12）

变速

三相交流异步电动机的转速可以根据第52页所示的公式计算出。因此，改变公式中的频率f和磁极数P的任何一个，转速都会在一定的范围内发生变化。改变磁极数P的情况已经在第52页介绍过了。

改变频率f比改变磁极数P涉及的问题更多，需要考虑的也更多。磁极数的改变是通过改变电动机自身结构来实现的，而频率的变化则是通过改变供电方式来实现的。

因此，安装使供电用50Hz、60Hz的频率可调节的装置，可以使电动机在一定范围内进行无级变速，如第56页所示的高频电动机。但是，这种频率转换装置的缺点是体积太大了。

直流电动机中可以变速运转的电动机叫做他励直流电动机。他励直流电动机的励磁（定子）绕组和电枢（转子）绕组，分别接在不同的电源上。把电阻与励磁（定子）绕组相连接，则励磁电流会发生变化，而这时转速与励磁电流成反比。

转速与电枢的电压成正比。最近，人们又发现可以利用晶闸管来改变直流电的电压，所以通过改变电压来改变转速的方法变得更简单了。这种改变转速的方法和控制电枢电流的方法结合使用，来使直流电动机变速。

以上所说的变速只是为了变速而变速。除此之外，还有一些因电工方面的因素而进行的变速。比如，在电动机起动时，可使用很多种方法降低电动机转速。但是，大多电动机在低速运转时，其功率并不高。

▲用于变换车床磁极数的开关

▲改变电车速度（改变电压）的电阻器

▲电吸尘器的换向器电动机

▲电钻的换向器电动机

换向器电动机

由于换向器的作用，即使直流电动机接入交流电，其转子也是可以旋转的。虽然交流电的方向会变化，但定子和转子也会随着交流电流方向的变化而变化。因此，转子的旋转方向不变。把直流电动机改成交流电专用的电动机，就是换向器电动机。

在换向器电动机中，比较常见的是单相串励直流电动机。因为换向器电动机输出的功率较小，而且转子容易高速旋转，所以换向器电动机常用于家用电器设备。此外，还应用于电动工具中。

"电钻"的电气钻头的外壳取下后，可看到其内部结构如照片所示，其中可以看到换向器和电刷。

电刷与换向器相摩擦，因此，电刷和换向器都会磨损。从更换的难易程度来考虑，与其更换换向器，不如把电刷做柔软些。一般在弹簧上加上石墨来使电刷变软。正因为电刷是易耗品，所以可以单独作为易耗品销售。

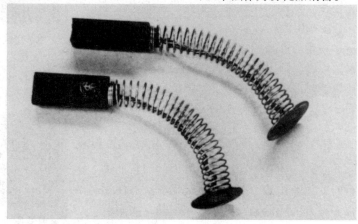

▲电刷是易耗品，所以可以更换

数控（Numerical Control，简称 NC，见第 126 页）机床中，有一种被称为步进电动机（脉冲电动机）的特殊电动机。脉冲（pulse）是脉搏跳动产生的冲击波。步进电动机中流过的电流呈断断续续的脉冲状。与 1 个脉冲的电流相对应，步进电动机的转子只以一定的角度（2.25°）旋转。通过脉冲数可以得出旋转角度对应的位移量，通过脉冲速度可以得出旋转速度。当然，这种电动机需要附带脉冲电流的发生装置。

步进电动机有 5 组定子和转子。5 个转子在一个轴上类似于齿轮结构，而 5 个定子间应留有一定的空隙。这种关系如图所示，如果是 4 极的电动机，则每相应间隔 18°。

这是步进电动机最常见的结构。通过三相交流异步电动机旋转的工作原理可知，三相之间间隔 120°，分别为不同的电磁铁，所以 5 个定子被依次磁化时，则转子应每相旋转 18°。如果转子和定子都是 4 个，旋转角度的精度为 4 处的平均值。但实际上，磁化并不是每次磁化 1 相，而是按 3 相、2 相、3 相的顺序进行的。如图 1 所示，3 相时是中间相被磁化，2 相时是两相之间的

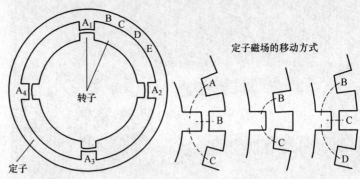

图 1　步进电动机的工作原理

部分被磁化，这样磁场移动 1 次，就是磁化 1 次。也就是说，在 1 个脉冲里转子旋转 18°的 1/2，即 9°。

若转子数与定子数不同，不是都为 4 个，而是定子数的 4 倍即 16 个时，则转子的旋转角度是 9°的 1/4，即 2.25°。因为转子的旋转角的精度高，所以这种电动机可应用在动力减速方面，使得生产出的产品的位置精度达 0.01mm。

步进电动机

图 2　数控铣床的工作台进给用的步进电动机

55

▲直接连接到内圆磨床磨轴的高频电动机。下侧的管是用来连接电源的

高频电动机

交流异步电动机的转速是由磁极数和频率来决定的（见第52页）。所以，在使用商用频率的电源时，2极交流异步电动机的转速值最高。

除此之外，要使机械高速旋转的例子还有很多，这就必须通过齿轮、输送带和带轮来增加速度。但是，使用齿轮难以保持一定的精度和良好的润滑；使用输送带和带轮时，高速旋转所产生的离心力又会使传导效率降低。所以，还是通过调节电动机的转速来实现比较方便。

在第52页所示的公式中，

为了提高转速，可以通过增大频率 f 来实现。而为了增大频率 f，就需要配备与之相对应的设备即高频发生装置。

▲高频振荡式的高频发生装置

在高频发生装置中，有采用依靠电动机使高频发电机运转的变频器，也有采用把高频振荡作为电流增幅来输出的电流换向器。

变频器价格便宜且提供的频率比较稳定。但也有其不足的地方，一方面，根据滑轮的交换可使频率发生变化，只能进行阶梯性的变化（也有安装无级变速器的情况）；另一方面，会产生不可避免的噪声。

就电流转向器而言，虽然价格高且达到匀速运转需要花费一些时间，但可以使频率进行稳定的无级变化，而且噪声小。

所谓的高频电动机就是高速旋转电动机。这种电动机很少在市面上单独出售，大多被安装在机械的轴上。比如，加工小孔时，一般都会将 200~300Hz 的高频电动机直接安装到机床上作为专用机来使用。

在内圆磨床的磨轴上使用的是 3~15 万转的高频电动机。内圆磨床的铭牌上标注着这样的数值：150000r/min、2500Hz、240V、1.68A、2 相、2 极、0.35kW。

但是，即使是通过电气的方法把转速提高了，由于旋转本身是机械运动，所以解决轴承的精度、摩擦的减少、定子的冷却、转子的平衡、对离心力的抵抗等问题，在技术上都还很难实现。

▲DD 电动机的主体（左）和伺服机构

▲转子（左）和定子，右下的导线连接伺服机构

低速旋转一般是利用减速设备来进行的，有时大型机床也会进行 1r/s 以下的低速旋转。因此，低速旋转都是借助减速机来进行的。

但是，立体声设备电唱机中用的电动机，可在 45r/s、$33\frac{1}{3}$r/s 的低速下旋转，并直接驱动承载唱片转盘。这种电动机叫做直接驱动（Direct Driver）电动机，简称 DD 电动机。

立体声设备用的 DD 电动机有 DC 式和 AC 式两种。DC 式的 DD 电动机中，转子在定子的外侧旋转，转子的位置由线圈等来确定，在一定相位时通过线圈向定子提供电流。AC 式的 DD 电动机是异步电动机的一个特例，它是通过将与转子直接连接的发电机的输出功率和标准电压相比较，来控制电动机的电压。

不管使用哪种方式，使磁极数增多（DC 式的磁极数是 20 个左右，照片中电动机的磁极数是 10 个）从而使转速下降，都要同时配备复杂的伺服装置。

低速电动机

▲转子的磁极（这里是10极的）

▲定子的线圈（因为是 15 极的，所以定子和转子会变化）

▲日本国有铁路的磁悬浮式直线电动机试验车，中间的是直线电动机的定子

直线电动机又称线性电动机。linear 是"直线"的意思。但是，直线电动机又是一种怎样的东西呢？可参考第 42 页中露出线圈和铁心的圆筒状的定子结构。

直线电动机

▲用于调度货车的直线电动机车和其内部结构

如果把圆筒从中间切开并展开成平面，原来的回转电磁铁会转到直线方向上，再把转子放到直线方向上，转子会随移动的磁铁进行直线运动，这就是直线电动机。

铁道和电车就适合用直线电动机。如果把东京山手线上电车的定子全部沿直线都安装到线路上，则山手线就形成了一个圆周，而只需在电车的两侧安装转子就可以了，但改造费也会很高。在日本国有铁路的货车调度站里，常用转子代替车轮来牵引货车，并以此来进行分类。

与此同时，日本超高速列车的研究实验也在进行，且已经在宫崎县铺设了国有铁路的试验线路。为了防止噪声和振动，在将转子排列成直线的同时，利用磁的相互排斥和吸引的性质使车体悬浮起来。而且利用磁悬浮车体消除了车轮和轨道的旋转摩擦力，通过磁铁的移动可以大大提高列车的速度。所以，可以制成超高速列车。

直线电动机最早用在龙门铣床、平削刨床上，带动工作台移动。

另外，电磁流量计也是一种直线发电机。先把导管中的流体（相当于导体）的两侧与导线连接，再根据流体磁通量和弗莱明右手定则所指方向上电流的增加幅度，这样通过电磁流量计就可把流体的流量表示出来。

微型电动机是指某些厂家生产的一种电动机。微型电动机的转子是用印制电路布线的方法制作的。

所谓印制（print 是印刷的意思）电路布线是指在绝缘板上粘贴铜箔，然后在铜箔上印制所需的电路，把不需要的部分用化学药品溶解掉，再在这个电路中安装元件构成电气线路的一种布线的方法。

印制电路布线用于半导体收音机和多种通信设备，也用于电动机中。

这样，转子就变轻了。因此，惯性质量变小，起动速度变快，旋转的停止速度也变快了。

如果将微型电动机与机床的移送装置直接连接，特别是与数控机床连接，可以得到较高的轮廓切削的精度。

由于转子是由印制布线构成的，所以转子就成了圆

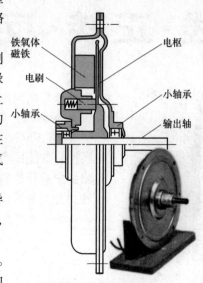

铁氧体磁铁
电刷
小轴承
电枢
小轴承
输出轴

▲可制成这么薄的电动机

▲转子是圆盘形的

微型电动机

板形的，场磁铁即定子变成了永久性磁铁，那么电动机的整体就变成扁平状的了。也可将转子做成杯形的，从而提高微型电动机的驱动力。

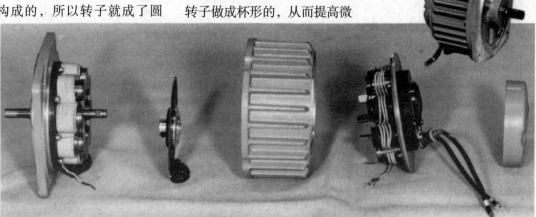

▲两个定子（铁氧体磁铁）从两侧将转子固定的电动机

接线·正转·反转

▲电动机的接出线 U、V、W

中的任意两根进行互换，这样就会使电动机反方向运转。

通过开关来控制电动机的正转和反转的转换，如下图所示。通过开关来互换三根接出线中的任意两根的方法，是除要在设置正转的开关外再设置一个切换开关，而且如果不打开正转开关，电动机是无法运转的。

三相交流电源的三根引线一般都是用黑、白、红三种颜色来区分的，分别用 R、S、T 来表示。三相交流电动机的接出线分别用 U、V、W 来表示。因此，三相交流电动机的接线方式是 R—U、S—V、T—W。这样，电动机才会正转。从轮带面看，电动机的正转是向右（顺时针）运转的。

怎么使电动机反转呢？按一下反转的开关可以吗？这当然是可以的。像机床那样，经常进行正转反转的机器，开关就是这样设置的，而且配有反转的线路。在本书中，并不是重点介绍正转反转的，而是重点介绍为什么电动机的接线会断开。

R、S、T 可以根据上文所述的颜色进行区分，知道了电动机的接出线 U、V、W 后，就可以使电动机反转。但是，很多时候一些比较旧的设备上的表示符号因为磨损已经看不清楚了。这时，可以试着将这三根接出线

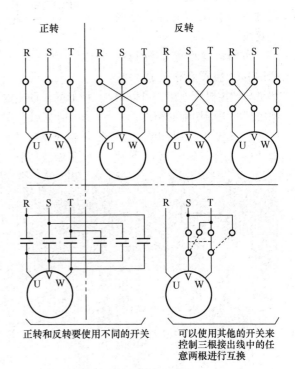

正转和反转要使用不同的开关

可以使用其他的开关来控制三根接出线中的任意两根进行互换

▲三相交流电动机的正转和反转

但这并不是在实际中应用的装置。打开正转开关或者打开反转开关不能立刻反转或正转，这样很不方便。所以，不知道实际上有没有这样的东西。

对于其他种类的电动机，只是改变外部的接线方式，是不会反转的。因为在其他电动机内部没有可以切换线圈连接方式的接出线，所以不能随便下结论。

直流电动机都是使用磁铁的电动机，将其正负极反接也是可以实现反转。模型所用的小型电动机也是这样的。

单相交流电动机中的罩极电动机在结构上是不能反转的。

▼**电磁开关的下面**（电动机侧）**左边的是正转时的接线方式，右边的是反转时的接线方式**（右边的 U 和 W 正好与左边的相反）

直流电动机				单相交流电动机			
	正　转	反　转			正　转	反　转	
磁铁电动机				分相电动机	U V 主线圈 X Y 辅助线圈	a) U V Y X	b) U V Y X
串励电动机		b) a)		换向电动机		b) a)	
并励电动机		b) a)		罩极电动机		无	

▲**直流电动机和单相交流电动机的正转和反转**

故障

电动机的故障大都是不能运转。经常会发生打开开关电动机不运转或在使用过程中不运转的情况。

电动机不运转的原因，首先是没有电，这不包括停电的情况。如果只是内部没有电，先确认是不是断路器以及熔断器等停止了工作，并排除引起故障的原因。

若这样还是不能运转，就要检查一下是不是开关的问题。

笼型三相异步电动机的结构如第42页所示。因为其结构很少会发生松动，所以笼型三相异步电动机一般不会发生故障。

即使有松动，也应该是轴承部分。如果轴承部分有异常，车间的工人马上就能注意到。因为轴承部分若有异常，就会发出声响并且产生振动。这时，要根据实际情况，决定是否安排车间的工人对轴承进行修理。

换向器电动机的故障，一般由电刷产生。石墨电刷是易耗部件且单独销售，损坏后简单地换上一个新的就可以了。所以，若出现故障应打开机壳看一看是不是电刷出了问题。

但是，若换向器电动机带动的便携移动电动工具出现故障，多是导线内部断线或者插头接触不良。

绕线转子三相交流异步电动机和直流电动机中也带有电刷，如果这两种电动机上的电刷出现故障，应找专业人员修理。其他的电动机由于结构复杂，出现故障，必须由具有电气的专业知识的人进行修理。

其次，引起电动机故障的另一个原因是超负荷运转。即勉强地通过较大电流，由于过热，从而导致绝缘材料被破坏。如果超出第44页的标准中绝缘种类的条件限度，电动机就会冒烟。此时，若继续过负荷工作，电动机内部就会发生短路，同时电动机也会停止运转。出现这样的情况时，需要找专业人员修理。

如果开放式电动机进水或者被水浸泡，内部也会发生短路。这时，只要把电动机拆开晾干，一般就没问题了。除了防止出现电气故障外，还要防止轴承生锈。

除了水之外，如果砂粒等进入电动机内部，也要把电动机拆开并进行清扫。

电动机冒烟时可判断是电动机出现了故障。这时，有可能是进入内部的杂物由于受电动机所发出的热影响而燃烧。这是什么原因呢？这是由于一般情况下，电动机自身是不会燃烧的，在清理的同时，应确保电动机有良好的运转环境。

电动机的分解和清理的要领，如第63页的照片所示。

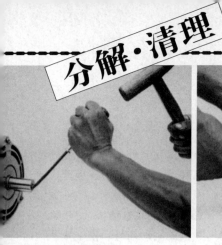

① 将键从旋转轴上取下。

② 将固定轴承架的螺钉拧下并轻轻地拔出转子。

③ 取下另一侧的端盖和散热槽。

④ 用木棒敲击旋转轴的前端，使转子和旋转轴分开。

⑤ 用刷子轻轻地清扫线圈和转子内面的灰尘注意不要损坏线圈。

⑥ 利用喷气的方式清扫定子的灰尘。

⑦ 取下接线箱的盖子并用刷子清扫接线部分的灰尘。

⑧ 清扫转子表面和内部的风扇，擦去轴承表面的灰尘。

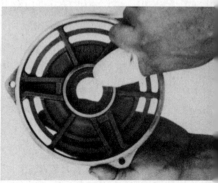

⑨ 擦去两侧两个轴承的机壳部分的油污。

63

电动机和发电机

教科书中常会提到：在磁场中，即在磁极之间放置导线，然后使导线向切割磁极的方向移动，则导线中就会有电流流过。根据弗莱明右手定则，中指所指的方向就是电流的方向。

那么，要使电流流过磁场中的导线又会如何呢？那就会与刚才的现象恰恰相反，即会产生使线圈移动的力。如果导线不是仅移动一次，而是连续地旋转，这就应该是发电机了。相反的，则应该是电动机。也就是说，电动机和发电机的装置同样只是做相反的工作。

发电机主要用于发电站。可借助水力和蒸汽使导线运动，除了水力发电站外，还有火力发电站和核发电站。电动机是利用电做与发电机相反的工作，即通过转子的旋转为发电站提供动力。

因此，根据情况来分别选择发电机和电动机——发电机有时可以作为电动机，电动机有时也可以作为发电机。

比较形象的一个例子是水力发电站。水力发电站只是利用水的停止和流动来发电的，所以停止和起动都比较简单。火力发电站是燃烧燃料发电的，所以从效率的角度来看，不可能简单地使火力强度升高或降低。因此，在晚上用电少时，就会有富余的电。将这些富余的电送到水力发电站，把发电机变成电动机来使用，用水泵把白天落下的水再提升到原来的地方。这样，这些水就又可以用于水轮发电机的工作。

再举一个电动机和发电机联系比较紧密的例子。当电动机旋转一定距离后，电车会由于惯力而继续前进。这时，由于电动机是用车轮和齿轮连接的，所以电动机会空转。通过开关（用驾驶台的制动摇杆）把电动机的接线反接，电动机就变成了发电机。此时，发电机产生的电流要流过电抗器，增加负荷，阻碍转子旋转了。这是因为感应电流受到磁铁的磁力，受磁力的作用阻止旋转。这种磁力也就成了阻止发电机的车轮旋转的力，从而产生制动作用。此外，通过高架线供其他车间使用，也就形成了电力再生式的电气制动。

发电机一般都是在眼睛所看不到的地方的。即使在发电站里，发电机也是在大的机壳里运转的，所以也是完全看不见的。

在我们身边，可以看到的发电机只有电动自行车的发电机。电动自行车发电机的线圈固定，磁铁转动，通过定子的线圈输出电。这种发电机转动时，脚踩在脚踏板上马上就感到发沉，这和电气制动是一样的情况。

在我们身边的发电机，还有以汽油内燃机作为动力的便携发电机。

高频电动机的高频率发生装置的变频器是借助于普通的三相交流异步电动机来使高频发电机转动。汽车的交流发电机可以产出12V的交流电，通过整流可以把电能储存在蓄电池里。电车的车厢底部的直流电动机带

▲扬水发电站的发电机的转子（左）和安装好的发电机（右）

▲自行车的交流发电机

▲用汽油内燃机驱动的便携发电机

▲自行车发电机中转子的磁铁

动发电机旋转，可以产生 100V 的交流电，从而提供电车行驶以外（照明、电风扇、车内广播等）所需的用电。

另外，用换向器和刷子把正、负极固定，就可以把交流发电机变成直流发电机，电动机也是如此。

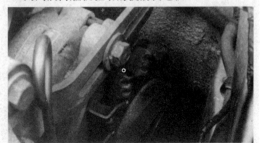

▲汽车的交流发电机

▲电车底部的电动发电机

电动机的安装

本页和电没有什么关系。

这里主要介绍电动机的安装。用螺钉和螺母把电动机固定到安装孔上应该就可以了。当然，在正确进行设计和加工时，这样做应该是没有问题的。

但是，一般在车间里只是这样是不行的。必须要考虑接下来的部件的组装，并逐一进行检查。

在机床等机器中，电动机作为其中的一部分，同其他结构一起进行正确的设计、加工和安装。大多数机器安装时，应该把电动机安装到电动机台式电动机导轨上，然后再安装到机器上。

为什么要这样做呢？车间的工人应该比较了解。为了使电动机的传动带和销键（适当的强度）相接触，并使电动机可以上下移动，使机台可以上下以及水平移动，并通过机台可以使电动机滑动，所以要把电动机台的一端作为轴，以很小的角度旋转。也就是说，一般要让电动机台可以上下移动。

▲将放在机台上的电动机传动带进行前后和左右的调整，使张紧力适当

另外，需要注意的是电动机机台的螺栓孔的问题。与其使螺栓孔留有一定的余量，不如把螺栓孔制成长孔，这样就可以使电动机在水平方向上移动。

传动带的正确安装不仅仅是这些。为了使传动带与电动机轴垂直，需要调节两侧的带轮使其处于正确的位置，还要将电动机在轴向进行调节。

另一方面，为了使电动机可以在一定的范围进行调节，电动机的安装孔有时也要制成长孔。

电动机与被带动机械的轴之间进行连接时，要使用联轴器。在这种情况下，其精度的要求就要比螺栓和带轮高。轴的高度对精度的影响较大。当轴出现弯曲、错位时，在同一个水平面上移动电动机和所连接的机

器，使两者相配合。这时就要靠调节高度来实现了。

在标准的电动机中，例如，低压三相笼型异步电动机中安装孔的间隔、直径、轴距离安装孔面的高度、轴径、键槽、轴长度等都有所规定。

为了不使两方的轴紧紧地连在一起，要使用挠性联轴器。

另外，也许并不是你的责任，但请读者考虑电动机的工作环境。

如果在灰尘多的地方，要采取一定的措施以保护电动机不受灰尘的影响，例如，留出一定的空间来安装机罩。同样，也要防止水浸泡电动机。工厂里对水的处理是非常谨慎的，所以应该注意安装挡板防止水流到地板上。

▲用联轴器进行连接时，必须使两侧的轴心在同一直线上

电动机的发展

▲右边的是最古老的电动机，左边的是现在的电动机（都是 5 马力的，1 马力 =0.735kW）

电动机运转的基本原理或者说电动机的基本结构一直都没有变化。但是，随着各种技术的进步，在输出功率相同时，而电动机的外形却越来越小。

例如，因为线圈的导线的绝缘材料的进步，导线可以变细，所以导线的外部直径也变得相当的细。这样，线圈变小、线的长度也就变短了，从而线圈整体的尺寸也变小、变轻。转子越小、越轻，能量消耗也就越小。外部机构也因为铸造技术的进步，变得又小又薄，从而电动机的整体也就变小。小功率电动机的外壳由原来的铸造到现在的压力成型。

本页中照片展示的是某家电动机工厂 70 年代生产的相同功率（5 马力，1 马力 =0.735kW，此处指米制马力）的电动机的变化。右侧大图是明治 43 年（1900 年）生产的电动机。左侧是现在批量生产的 E 型电动机。右侧小图中，从右向后，电动机生产的年代逐渐变近，折回来左手边最前面的电动机是现在的电动机。

▲明治 43 年（1900 年）生产的 5 马力（1 马力 =0.735kW）的电动机

68

开关

开关的
种类

开关 switch 是切断或接通电路的装置。但是，对于外行人来说，仅能从开关的各种名称进行区别。

开关中最常见的是家用电器的开关，而家用电器的开关大多被安装在家用电器的外壳上。

接下来就是室内电路用的开关，这种开关一

各种各样的开关

换向开关

条码式开关（中间开关）

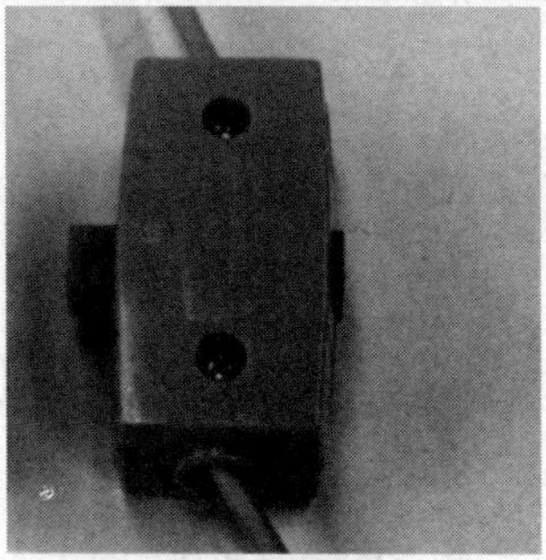

波动开关

旋转开关

悬吊式开关

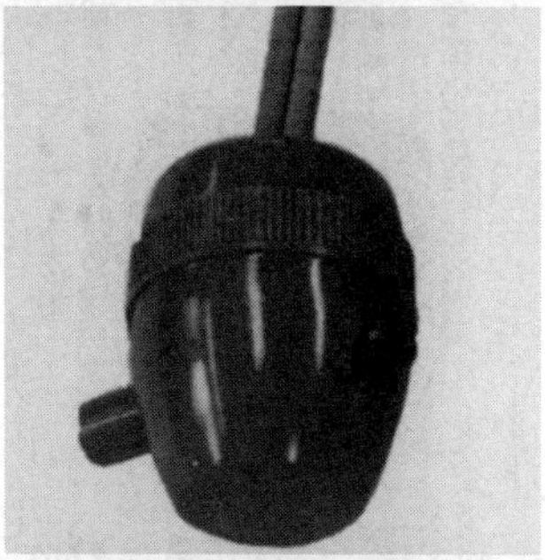

拨动开关

按钮

杠杆开关

带插座的电键开关

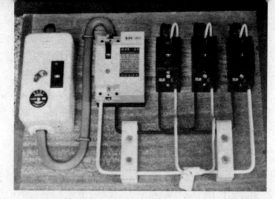

▲家庭内的配电盘。对于外行人来说，电流断路器、漏电断路器、熔断器等都是开关。

般被埋在墙壁里，或者安装在墙壁和柱子的表面。

另外，开关还被用于工厂的机器及机器的电源上。一般工厂机器的开关都是第 76 页所示的电磁开关，而电源部分所使用的是第 74 页所示的刀开关。另外，电磁开关器的控制开关还有按钮。

室内电路用的开关大多是第 72 页所示的开关，一般用于控制照明灯具。

根据日本国家标准，照明用的开关必须是室内用的小型开关。因为这些开关是与电相关的专门的开关，所以作为特殊的种类要分别进行命名。这些照明用的开关有换向开关、旋转开关、按钮、拉线开关、条码式开关、门锁开关、滑动片接触开关、顶棚开关、悬吊式开关等。

换向开关是通过倒转（tumbler，倒立的人）进行操作的开关。旋转开关是通过"旋转"（rotary）进行操作的开关。按钮正如其字面的意思一样进行操作。而拉线开关则是要用拉（pull）的动作进行操作的开关。滑动片接触开关则要使开关滑动（slide）来进行操作。顶棚开关（canopy 是顶棚的意思）在被安装的位置即顶盖常要接入拉线开关。这些叫法都是根据操作方法而得来的。

条码式开关是连接到电线上的开关，因此，也可以叫做中间开关。悬吊式开关是把下面所装饰的吊灯（pendant）悬挂起来的开关，因此，也要连接到电线上。

另外，还有用杠杆（lever）来操作的杠杆开关、与换向开关相似的波动开关、内部为肘节式结构的拨动开关。用拨动开关时，要借助于金属卡扣的拨动力来进行操作。

总而言之，这些叫法并不是那么严格统一，所以不容易被记住。

而且，以上的开关主要用于电器和轻型机器，即容量比较小的设备。在日语中，也把用于控制照明的开关叫做点灭器。

用于控制通电与电源相连的开关，就是最初所说的"断续器"。断续器要与第 102 页 ~107 页所出现的"断路器"、"隔离开关"、"接触器"、"控制器"、"继电器"进行区别。虽然这些都是开关，但是对外行人来说是不常接触的。

71

断开·off·灭·切	闭合·on·点·入

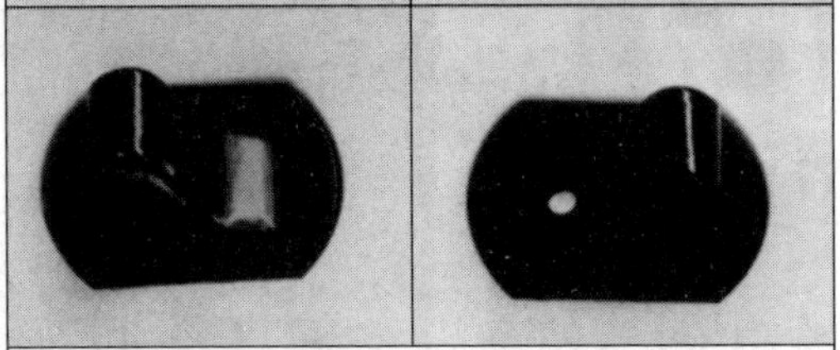

向右操作（推）可以看到O

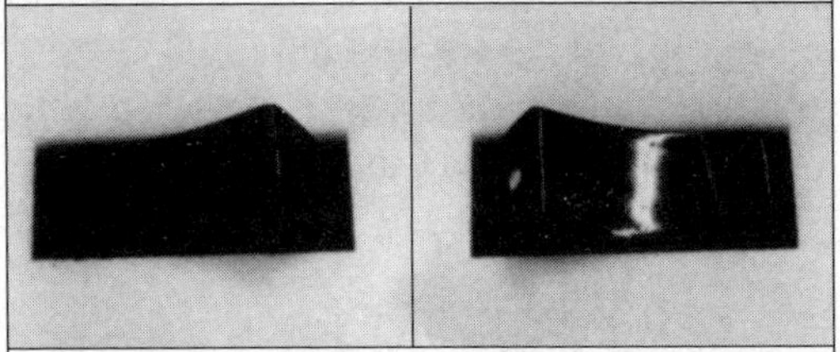

此时开关闭合

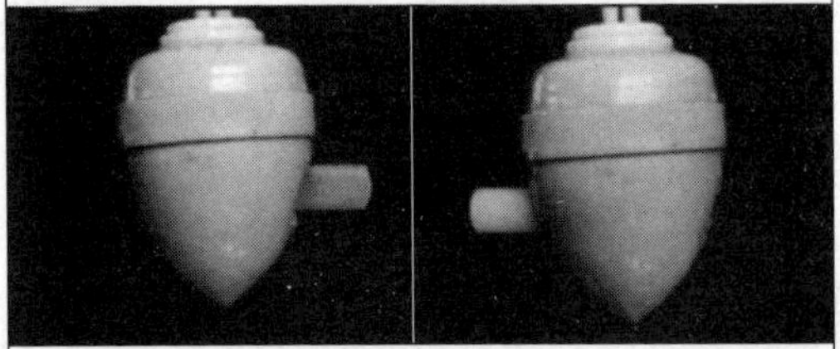

断开开关，绿灯亮；闭合开关，红灯亮

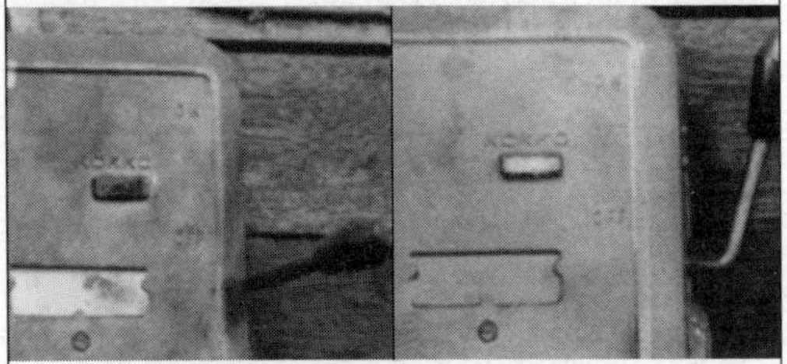

向上操作是闭合开关，灯点亮

向上操作是闭合开关，向下操作是断开开关

操作方向和

开关必定有一定的操作方法。根据操作方向、所产生的作用、所达到的目的以及状态的表示方法在 JIS 标准中都有所规定。

首先，为了便于开关闭合，电路接通时应该向上、向右或向远离操作人的方向操作开关，这是一般的原则。专业人员也就是持有工程从业资格的人安装开关就应该是这样操作的。如果开关上带有字，可使这些字上下对应安装，也应该可以像上面所说的那样操作。切断开关时，应该向下、向左、向靠近操作人的方向或向逆时针方向操作。这一部分（见第 72~84 页）的开关都应如此操作。因此，单个开关的安装和操作一定要按照上述的方法来进行。

可以操作的设置要是 2 个开关，例如，2 个按钮或 2 个拨杆柄。上面的、右侧的或远离操作人的是用于开关闭合的，使开关切断的是下面的、左侧的或靠近操作人的。一般都是这样配置和接线的。

准确地说，不光是开关是这样的。与开关的闭合相对应的状态为增大（P），例如，电动机的旋转以及音量的变大等。当开关切断时，与之相对应的状态为减小（N）。

用不同的颜色和光的亮度来表示开关操作后的状态。这时，用红色表示 P，用

状态的表示

绿色表示 N。而用光来表示时，用明亮或者变亮表示 P，用暗或者不变亮表示 N。

而这种用颜色区分的方法经常容易出错。把看到的红色和绿色的状态作为需要进行操作的提示。按下按钮会出现红色，这时是 P 状态，而并不是按下红色的地方。所以按钮经常设置上下排列的两个按钮，上面的是用于接通电路的开关，呈凹形。这时，上面的是绿色的，而下面用于切断电路的开关是红色的，呈凸形，即用红色来表示。

机床上的表示也与这个类似，红色全部代表停止。使机器停止的按钮、开关都是红色的。即使红色状态不消失，操作红色的地方（易于操作的按钮操作有很多）也会停止。

JIS 标准是在 1961 年制定的。但是，有很多产品是在这之前生产的，也有很多产品是未按照日本国家标准制造、出售的。所以这些产品都不能用国家标准来衡量。而且，由于存在着很多业务不规范的电工和工程公司，所以其施工很多也不按照这一标准进行。

但是，按照日本国家标准的开关即断续

▲向上操作是接通电路，显示绿色；向下操作是切断电路，显示红色

器，在日语中叫做"開閉器"。闭合开关，电流流过时，电路为闭合状态，所以说成"闭"，这是容易让人产生误会的地方。

按照 JIS 标准的规定，启动开关的方向是向上或者向右，因此，如果纵向表示，断开和闭合开关的方向正好相反。但是，横着书写又会如何呢？因为闭合是在右侧，所以表示如下。

断开	闭合
灭	点
切	入
切断	接通
off	on

这时，断开和闭合就和语言的惯用一致了。由于日本国家标准和日语惯用语的区别，家电产品等很多物品上的点·灭、on·off 的表示都与日本国家标准的规定相反。

颜色分为可以看清楚、大部分看清楚、有颜色、没有颜色的 ●○。可以看清楚的状态是 P 状态。有 ● 的一侧不是要操作的地方，而是表示操作的结果。这种表示在日本国家标准中也没有规定，而且这样的表示有很多。所以操作时还是多考虑一下比较安全。

▲即使是一流的制造商所生产的电视机的开关与我们所说的操作的方向也是左右相反的

73

刀开关

▼封闭式熔丝的刀开关

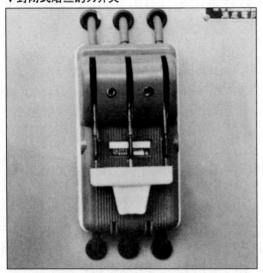

▼封闭式熔丝的刀开关

如照片所示的开关叫做刀开关。这种开关用于控制大电流电路的通断。作为使用标准，刀开关所控制的电路的电流要大于30A。在工厂等地方的刀开关常被作为电源开关使用。可以用这种开关把数台机器连接起来，然后在各台机器上再分别设置开关。

所以刀开关大多都被安装在建筑物的柱子和墙壁上。

标准的刀开关有开放式和封闭式两种。开放式刀开关露在外边，是很危险的，所以要把开放式刀开关装到箱子里，这样就不会发生故障了。

另外，刀开关还可以分为带熔丝的和不带熔丝的，根据使用的熔丝的

▲双极单投刀开关

形状可以分为瓷插式和管式两种。这些都是和接熔丝的部位相对应的。

刀开关的结构比较简单。只要用手抓住手柄进行操作就可以了。根据所需力的大小，采取由用手指到用一只手握手柄的方法来进行操作。在操作时，无论是闭合开关还是断开开关，由于电流通过的部分（当然是铜）就暴露在手的旁边，所以总会让人很担心。

但是，没有必要这么担心，应该迅速进行操作。无论是开启开关还是断开开关，都应该如此。而且在闭合开关时，应该迅速把手柄推到最里面。如果推到一半，因为连接件（在JIS标准中称做"刀刃"，因为是闸刀）的接触面积不充足，由电阻所产生的热会损坏接触面和连接件。

因为这种开关一般作为电源开关来使用，所以刀开关的操作要以同一电路中，除刀开关之外的开关全部处于断开的状态作为前提条件的。在这种状态下，虽然连接件露在外面，但如果闭合刀开关，应该是没有危险的。

而相反的，除刀开关之外的开关中有一部分在工作，而把刀开关关到底，除刀开关之外的开关也能全部闭合，但是这时会产生电弧放电，接触部分也会磨损、变形。有时还会接触不良。

所以先把除刀开关之外的开关全部处于断开状态，再闭合开关。而进行相反的开关操作时，应该先断开其他开关，最后断开刀开关。

在电路的其他开关都处于接通的状态下，接通刀开关，尤其是最初的阶段，由于接触面积不够，连接件（刀刃和刀承）很容易会损坏。

另外，有很多容量极小的机器也用刀开关来控制其起动和停止，这是很危险的，而且从本质上来说，也是安装错了。所以还是要安装合适种类的开关比较好，刀开关只适用于电源开关。

▲带外壳的三极单投刀开关。黑、白、红色三根电线在右侧的电线管的开关盒内被分开

▲无外壳的三极单投刀开关并排在配电盘上。上面的刀开关中装有带插刀的管式熔丝黑、白、红三个颜色的电线很容易区别开来

电磁开关

▼一个电磁开关的例子

机床的主电动机的开关都是电磁开关，一般称作磁性开关。

在这种开关中，由于电磁铁的吸引，利用弹簧压力使触点闭合。而控制电磁铁工作的是一种小磁铁。由此可知，电磁铁工作所需要的小电流通过操作小开关来控制，而电动机所需的大电流的通断则是由电磁开关控制。

断开小开关使电磁铁不工作，是因为弹簧的力使开关的触点分开了。

电磁开关一般适用于频繁闭合、断开和电流比较大的地方。特别是，使电动机起动需

要流过的电流是额定电流的数倍。很多机床在进行这种起动时，即大电流流过时，经常容易出现故障，因而开关的寿命也会缩短。

在机床中，车床开关的闭合和断开次数应该是比较多的。一般的车床的电路图如第108页所示，是很简单的电路图。虽然与电有关的故障一般都是开关的问题，但是用电路检验器却检验不到，只有加上200V的电压时，异常状况才会显现出来。所以这时，应该检查一下电磁开关。

为了防止出现这样状况，电磁开关的大部分零部件都是可以替换的，而且是在市面上公开销售的。触点（动触点）可以用镊子之类的工具夹住取下。

请看一下这种接触点吧。触点的材料是银合金的。因为银的黑色锈可以使电流通过，所以是不会影响工作的。通过以前使用铜的知识，我们可以知道，触点是不能用锉刀来锉的，也不能用砂纸来磨。否则，硬度很小的银就会被磨损掉。另外，砂纸的砂或者其他研磨材料会嵌入到银中去，反而会使导电性能降低。如果发现黑锈，用普通的纸擦一下就可以了。

触点要是损坏了，请进行更换。这时，不能只换一个。如果不把同时工作的触点一起换掉，由于触点高度的参差不齐，也会使工作的可靠性降低。

▲带热继电器（左）的电磁开关

除此之外，电磁铁的线圈很容易被烧断，弹簧很容易被折断，而这些东西都是可以更换的。这些都是常识，其拆卸和安装都是很简单的。还要确定连接导线的接线柱螺钉是否松动。因为有时会由于振动而引起螺钉的松动。如果螺钉松动了，电阻就会变大而热继电器就会开始工作，断开电路（见第82页）。

▲热继电器。因为上面的旋钮会根据额定电流而发生变化，所以不能用手去触摸。当过大的电流流过时，热继电器就开始工作，而左侧的白色旋钮会飞出

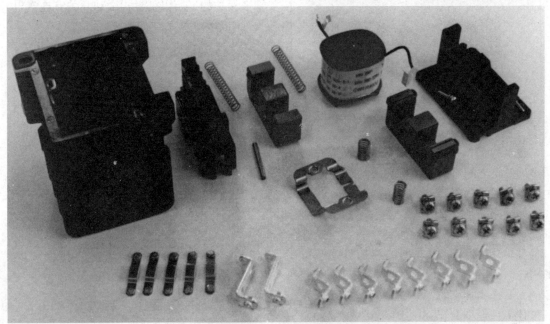

▲分解来看一下左下侧的是五个动触点，其旁边是十个静触点

▶银合金的触点即使是变黑也可以使电流通过

◀静触点的上侧可以看到动触点，可以把动触点取下

微动开关和限位开关

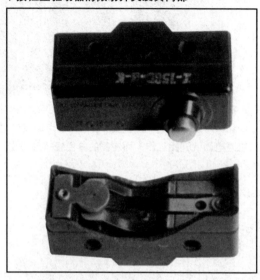

在 JIS 标准中，微动开关是这样定义的：微小的触点之间有间隔，带有敏动装置，其主体是以限定的位移和限定的力来进行闭合和断开操作的触点装置。主体呈折叠状，外部配有驱动器，一般形状很小。

虽然定义很复杂，但其实就是照片所示的一样。在定义中所说的"限定的位移和限定的力"是非常小的位移和非常小的力，而且整体形状很小的开关，这种开关被称为微动开关，英文名称为"sensitive switch"。

微动开关有很多不同的形状，一般都用文字和数字的组合来表示。在这里没有办法一一地列举出来。但是，定义中的驱动器是露在外面的，所以在这里只介绍几种。

另外，在 JIS 标准中，有一种微动开关叫做密封式微动开关。密封式微动开关常用于与机器相关联的地方。所以在 JIS 标准中，密封式微动开关的定义中有"工业用"的字眼。正如其字面意思，密封式微动开关是用金属包裹的，空隙和连接部分都是用橡胶密封的，即使是浸泡在油等液体之中也照样能发挥作用。又因为电线的连接处也是用电线管来保护的，所以密封式微动开关有连接电线管的管用圆柱螺纹的连接口。

一般密封式微动开关又叫做限位开关。因为限位开关是为了限定（limit，限制）物体的移动而使用的开关，所以不管是什么形式的开关，只要它有这样的用途，都可以归为限位开关。密封式微动开关是工业用的，它具有防油等的构造，实际上是用于限位的，所以才会有这样的叫法。

限位开关根据密封盒的形状、安装的方式、内部微动开关的种类、驱动器的种类、操作时所需的力、驱动器的数量进行分类，其型号也是用文字和数字的组合来表示的。

▶限位开关内部的微动开关。中间部位稍微地移动一点，弹簧就会发生作用，从而可以控制两端的触点接触或分开

最后，我们看一下微小的触点之间的间隔和微动装置，以及通过很小的力所引起的很小的位移而使开关开始工作的内部装置。导电部分的弹簧材料是铍铜板，只要驱动器有小小的位移，弹簧就会动作，触点就会接触或分开。

▲机床上用的限位开关

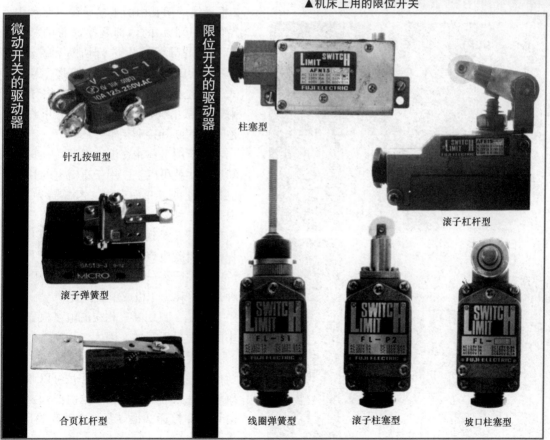

微动开关的驱动器

针孔按钮型

滚子弹簧型

合页杠杆型

限位开关的驱动器

柱塞型

滚子杠杆型

线圈弹簧型

滚子柱塞型

坡口柱塞型

79

开关的内容

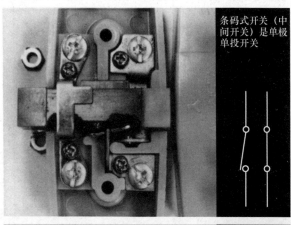

条码式开关（中间开关）是单极单投开关

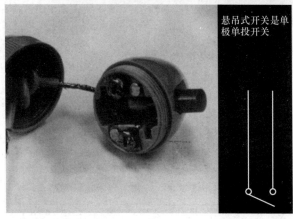

悬吊式开关是单极单投开关

开关是切断和接通电流通路的装置，而电流通路的切断和接通方法也有很多种。

常见的是，用于单相交流电压100V的家庭用电的开关。一般，这种开关都采用通过两根导线中的一根的切断和接通来控制。室内用的小型开关大多都是这样的。请看条码式开关（中间开关）的内部，虽然接线时连着2根导线，但其中的1根导线（照片中左侧的那根）的内部是接通着的。只有右侧的导线可以进行切断和接通。连接灯泡的电灯插座也是如此。悬吊式开关是从2根导线中引出1根导线来连接悬吊物的，所以悬吊式开关也是只能切断和接通1根导线。

对于用于单相交流电的开关，我们知道这些就可以了。用于直流电的开关也是如此的。总而言之，2根导线中1根是供电线，1根是送电线。不管是切断供电线还是送电线，只要切断其中1根，电流就应该不能通过。由于以上所说的开关只有一条电流的电路，所以这种开关可称为1极或单极开关。

但是，只切断三相交流电3根导线中的1根是不行的。因为三相交流电的3根导线中的每2根之间都是相通的，所以只是切断1根，电流还是可以通过剩下的2根导线。所以，这时必须要同时切断和接通2根导线。这种开关是3极开关。

对于单相交流电，有同时切断或接通两相电源导线的开关，例如，刀开关的2根导线控制电路的断开和闭合。这就是2极开关。

至此，我们已经了解了一般所能接触到的开关基本。但是还有一种开关，并没有提到。之前所说的开关都只有闭合和断开两种状态，即闭合这个、再断开这个。

但是，断开这个开关，同时闭合那个开关，即断开一方，同时闭合另一方的开关也是有的。换句话说，通常断开某一条电路，而选择接通另一条电路的开关叫做双投开关。与之相对应的是单投开关。一般的开关大多都是单投开关。微动开关和限位开关中也有双投的。

下面介绍的也是一种单投开关。电路处于断开的状态下，通过操作开关使其接通，或者电路是接通的，通过操作开关使其断开。如果这种开关没有弹簧所给驱动力，就会自动地恢复到初始的状态。微动开关中也有这两种状态恰恰相反的开关。这种开关叫做常开开关、常闭开关。

另外还有一种开关，在一个开关上可以设有2根接线柱，可以用于一般开路和一般闭路中。如第78页所示的开关也是如此，但它有3根接线柱。

此外，音响、通信等所用的开关中6条电路的开关也不少。

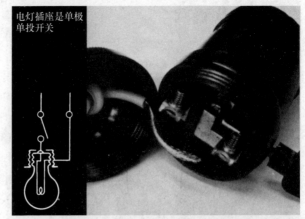

电灯插座是单极单投开关

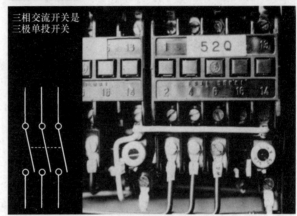

三相交流开关是三极单投开关

字母扣开关是双极双投开关

继电器

继电器的原理和田径比赛中的接力类似。但是电方面的接力却是把其他的东西接进来。

作为电方面接力的方法，一般都是用小电流所控制的电磁铁来控制大电流电路的开关的工作。只是从这一点上来看，与电磁开关（见第76页）没有太多区别。但是，电磁开关是以动力来使电路接通的。

在日语中，用极小的电流来控制电路通断的继电器叫做电磁继电器。

继电器不只是利用电磁力，在车床的电气回路（见第108页）中，还有一种热继电器。热继电器是借助于温度的变化进行工作的继电器。具体地说，是通过双金属材料在温度变化时发生变形的方法，来控制小电流

电路的通断，从而控制其他的开关进行工作。具体地可以看一下第108页所示电路中断开的部分。

光电继电器是受到光照而产生微弱电流，或者因为光的强度的大小而引起电流大小发生变化，从而使其他的开关（继电器）进行工作的。光电继电器常用于防盗装置、自动点灭器等设备，也可用于数控机床穿孔带的读取。

在各种各样的继电器中，最多的是电磁继电器。请打开数控机床的门看一看，里面安装着很多继电器。

电磁继电器的形状如照片中所示。以前的继电器中还有开放式的，但是现在的继电器大都同照片中所示的一样，即被密封在透明的塑料盒中。在接线柱的周围有从底座伸出的引脚，这种引脚的宽度和位置是有一定标准的，且要把引脚插入插口。

当然，插口也是有一定标准的，连线时要连接插口。继电器作为消耗品，只需简单地更换就可以了。

继电器的内部结构也是一种开关。因此，根据用途的不同，也就分为不同的种类。这样，我们只需记住这些型号就可以了。

▲根据插头的配置插入插座

82

▲控制路灯自动点灭的光电继电器

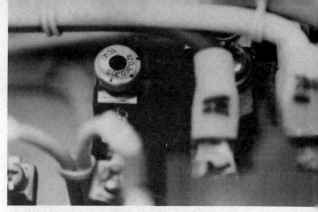

▲装在机床上的热继电器

前面我们曾提到过电磁继电器和电磁断路器的区别，其实并没有那么严格的区别。

通常制造商把继电器叫做电力继电器，但标准的叫法是"感应式过电流继电器"。

▲继电器的内部结构。因为电磁铁的运动而吸引接片，可使导板的板簧开始发生作用，从而触点在瞬间连接（大）或分离（小）

不接触的无触点开关

无触点开关

虽然可以使电流通过导线，但没有触点的开关应该也有吧？是的，确实存在着这种无触点开关。但是，说明起来却比较困难。虽然是关于弱电部分的问题，但是没有与电相关联的专业知识也是很难理解的。虽然如此，在这里还是介绍一个例子吧。

如右图所示，在晶体管的三个极中的两极，即发射极和集电极之间要有电流通过，必须有电流在基极中通过。

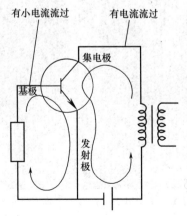

有小电流流过　　有电流流过

集电极

基极

发射极

根据基极中通过电流的多少，使发射极和集电极之间的电流发生变化。

控制的电流是极小的电流。而且，使开关工作的电流流动速度，可以认为是高速的。而接触片进行机械性运动的速度，无论如何也不会比电的速度快。而且，没有触点，也不会有电的互相摩擦损耗。所进行的只是晶体管内电子的运动。

极小的电流、没有触点、以电的速度进行操作，这些都是无触点开关的方便之处。

控制大电流的开关闭合、断开时，会产生电弧。因此会使元器件产生损耗，这是一个大问题；另一方面，在控制电路中，即使百分之一秒的时间也是一个重要的问题。而无触点开关可以解决这些问题。无触点开关可以应用于数控机床等地方。但是，它位于器件的内部，而不是单独的露在外面，所以一般不能直接看到。

另外，还有与无触点开关类似的无接触开关。

无接触开关是不用接触外部而进行工作的。而内部的开关既有触点开关，也有无触点开关，如光电继电器。

除此之外，机械中还有利用高频振动、感应桥接、磁力等来工作的无接触开关。

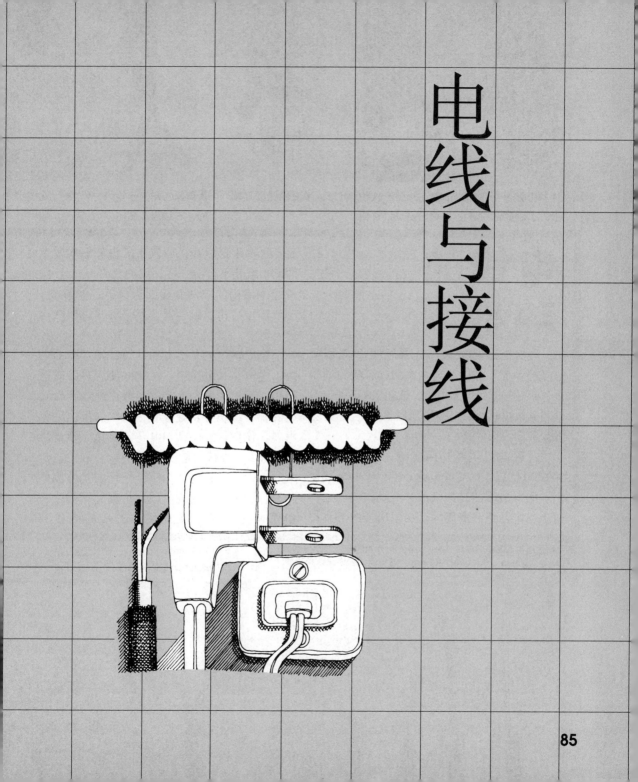

电线与接线

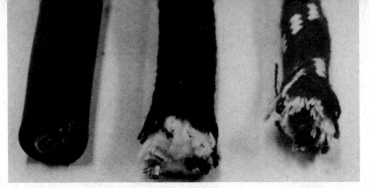

▲从左边开始分别是橡皮护套绝缘圆形软线（CT）、橡皮绝缘圆形软线（RF）、棉纱纺织橡皮绝缘袋形软线（FF）

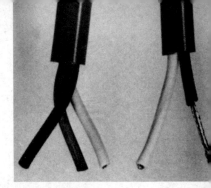

▲聚氯乙烯绝缘软线（VCFF）。左边是3的，右边是2芯的

电线的种类

　　虽然统称为电线，但实际上电线可以分很多的种类。其中，与本书的读者相关的是一种叫做"软线"的电线。依照JIS标准，术语叫做橡皮软线、电器用聚氯乙烯绝缘软线、橡皮护套绝缘软线。

　　这种软线主要是用在室内电路，作为300V电压以下的交流电的小型电器的电线使用。用得最多的是聚氯乙烯绝缘软线。在街道上的电器用品商店中，一般出售的都是聚氯乙烯扁平形软线，聚氯乙烯扁平形软线中的两根线是平行的。这种用护套（sheath）保护起来使用的圆形和椭圆形聚氯乙烯软线，一般用于冰箱、吸尘器、复印机等机械结构的电器中。

　　橡皮软线也有很多的种类，像悬挂的电灯、电熨斗和电烤箱，在这些使用热能的电器中，所使用的是棉纱编织橡皮绝缘圆形软线和棉纱编织橡皮绝缘袋形软线。根据绝缘材料，橡皮软线还有SBR绝缘、氯丁橡皮绝缘等种类，外行人是很难区分的。

　　工厂机床的电动工具所使用的是外侧用护套保护的橡皮绝缘软线。橡皮绝缘软线一般都叫做某某绝缘或某某护套的橡皮软

▼电器用聚氯乙烯单芯软线（VSF）从左边开始的横截面积分别为2.0mm²、1.25mm²、0.75mm²、0.5mm²。这些软线的束线数和束线直径都是有规定的

▼VSF2.0mm²　　　　　1.25mm²
37（束线数）/0.26（束线直径）　　50/0.18

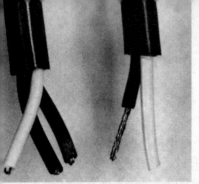

▲左边的是直径 8.0mm 的电器用聚氯乙烯软线（VSRF）。左边的外径的横截面积为 8.0mm²，右边的外径的横截面积为 7.6mm²

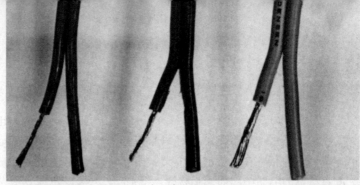

▲电器用聚氯乙烯平形软线（VFF）用的是最多的。从左边开始横截面积分别为 0.5mm²、0.75mm²、1.25mm²，横截面积为 0.5mm² 的基本上没有了

线，共有四种软线，而且每种又分为圆形和椭圆形的两种。根据使用的场所，选择使用相应的保护材料的橡皮绝缘软线。否则，电线由于耐油性差而变软，或由于抗冲击性弱而断裂。

电器用聚氯乙烯圆形和椭圆形软线与聚氯乙烯绝缘橡皮圆形和椭圆形软线的区别是极小的，而且也很难说清楚的。橡皮绝缘软线的很多特性都有着详细的规定。

此外，如果将电压提升一个档次，那就使用 600V 电压用的某某绝缘某某厚橡皮软电缆了。将"软线"换成"软电缆"后，如果电动工具上使用的话，那就有些过大、过重，所以"电缆"一般使用于起重机、焊机等大型设备。只要标志着橡皮绝缘软线（cabtyre）的设备，连接的软线都是可以移动的。

像所说的某某绝缘某某护套电缆，以电缆结尾

的，一般都是固定的。通称为 F 电缆。用于室内布线的 2 芯、3 芯的 F 电缆，一般都是聚氯乙烯绝缘橡皮平形电缆。这种电缆的内部导线是单线。

与单线相对应，为了使导线易于弯曲，而把数十根细线汇合在一起的"绞线"。本书的读者要用到的基本上都是绞线。

因为电线是电的通路，所以横截面积是很重要的。横截面积决定了电功率。一般的软线的横截面积是 0.75mm² 或者是 1.25mm²。

这些都是由各自的结构来决定的，或者说导线束数和导线束直径是有所规定的。单线的以其直径来决定。

0.75mm²	0.5mm²
30/0.18	20/0.18

▼聚乙烯绝缘乙烯橡皮圆形软线（左）和电器用聚氯乙烯树脂椭圆形软线（右），它们的导线和绝缘材料都是相同的，但是绝缘层不同

电线颜色的区分

电线的绝缘外层上带有各种各样的颜色，特别是最常见的是聚氯乙烯绝缘软线。因为乙烯树脂很容易着色，所以种类很多。如第 86 页所示的电器用乙烯树脂软线，特别是单芯的 VSF 和平形的 VFF 都是如此。但是电线的用途并不是按颜色的种类来区分的。

众所周知固定布线的电线的颜色。这里所指的都是单线的颜色。例如，VVR、VVF 的 600V 电压用的某某绝缘某某厚橡皮软电缆，或者 IV 中 600V 电压用的聚氯乙烯绝缘软线。这些电线都是家庭或工厂中室内布线用的。

电线的颜色都是有规定的，所以要根据颜色来进行区分使用。

三相交流电的电线的三相分别是黑、白、红三种颜色，对应着 R、S、T 三个相。一般默认的接线就是如此。这样接线电动机才能正转。此时，电线是 3 芯的。

3 芯的电线是由黑线、白线、绿线三种颜色的电线组成的。厚橡皮软电缆（VCT）、橡皮绝缘软线（VCTF）、电器用聚氯乙烯圆形软线都是如此。对应于单相交流电的条件下的黑线、白线和接地用的绿线。另外，4 芯的电线是由三相交流电的黑线、白线、红线和接地用的绿线组成的。

接地线是绿色的，连接接地线的电器的接线柱也应该是绿色的。

接下来是介绍三相交流电或者单相交流电的布线方法。室外变压器必有一根导线是接地的。大街上的电线杆的电线一定要有接地线（见第 150 页）。这时，不管电源是三相交流电还是单相交流电，接地线都是白色的。

▲左边是 VRSF 的黑、白、绿三根芯线，右边是 VCTF 的黑、白、红三根芯线（很遗憾颜色印刷不出来）

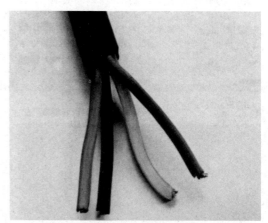

▲四芯聚氯乙烯橡皮绝缘电缆中的黑、白、红、绿四根芯线。其中绿色的是接地用的

这种布线接地的意义很难说清楚，故此处不讲了。如第 60 页所示，若要使电动机反转，只要把黑线和红线换接，白线保持不变就可以了。这个常识必须记住。

单相交流电中黑线和白线的区别也是如此。在固定的插座中，大孔的接白线，即接地侧。把验电器（见第 98 页）插入插座，闪亮的是小的孔。

在电动工具或者其他的机器中，橡皮绝缘软线的 2 根芯线分别是黑色和白色。把软线的插销插入插座时，虽然有黑线和白线，但是不进行区别也没有关系。所以，没有必要去注意是黑线还是白线。

但是，在一些老式的机器上，如果有此元件老化，会有刺啦刺啦的响声。这时要把插销拿下来看一下，使黑色芯线和白色芯线相匹配，这种响声就会消失。但之后要进一步修理。

另外，与控制电路有关的布线，或者音响设备、电视机、收音机等的内部布线的电

▲中间的是 VVF，通称为 F 电缆。即使绝缘层不一样，但是其导线都是黑、白 2 芯的

线颜色的区分，在 JIS 标准中有特殊的规定。因为和本书关系不大，所以就不介绍了。

▲室内布线 VVF 的 2 芯线接入 IV 的单芯线时，用黑、白两种颜色来表示，白色的接到插座大孔

▲用于控制电路的软线。因为没有颜色的区分，所以 2~3 种相间颜色的很容易弄混

电线的
连接方法

室内布线时应使用 $\phi1.6mm$ 以上的电线。操作时，应由具备专业知识并且具有电气工程人员资格的人来进行。

生活中我们所接触到的电线，大多是直径小于 $\phi1.6mm$ 的单线和公称横截面积小于 $1.25mm^2$ 的绞线。

▲小型电器的软线连接时，应使用连接器

连接电线时，不需要特殊的资格，但是应该遵照正确的布线方法去操作。对于没有工程技术资格的人，很难知道正确的操作方法。这也是规则和现实之间经常出现的矛盾。

虽说如此，但并不是在连接和延长导线时，都要去请专业人员（因为费用和时间）。除了配有专业人员的大工厂，一般都是由普通工人来接线的。接线时，并不是简单地把电线接在一起就可以了，而是应该使用布线工具中的连接器来进行接线。

如果电线不能正确地接入布线器具（见第 92 页），也会引起事故（虽说是事故，其实只是接线部分的短路、断路等问题）。一般的连接方法如第 91 页的照片所示，使两根线并在一起，连接起来，或者互相挂住并扭转。总而言之，必须使连接后的电线接触部分的接触面积、压力等适当、充分，但又不能使电阻值变大。

另外，由于电线本身可承受的拉力是有限的，同时它又受自身重力和两端拉力的作用，故不应再对连接着的电线施加外力。

作为参考，下面介绍一下 $\phi1.6mm$ 以上的电线的连接方法。

如照片所示，可以很清楚地看到是黑线连接白线、白线连接黑线的交叉连接。但是一般不是这样连接的，而是白线连接白线、黑线连接黑线。

绞线的连接方法

①将两根芯线绕合在一起进行焊接的方法

②将两根芯线系在一起的方法

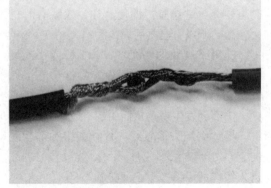

③互相挂住并扭转的方法

单线的连接方法

①使它们互相缠绕

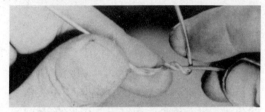

②压着其中的一条线用手将另一条线缠绕到所压着的线上

③用电工钳等工具将其中的一根线牢牢地缠绕到另一个线上

④将两端夹实

⑤下面也用相同的连接方法，上面是分叉连接的方式

接线柱的固定方法和末端处理

布线器具接入电线的部分（这个部分叫做接线柱）有两种，一种是将电线系在螺钉的颈部，另一种是用螺钉压住接入的电线。

如果要接入的电线不是单线，则不能用螺钉压住接入电线的方法。不将绞线的前段用焊锡固定，扭绞会很容易分散开来。虽然芯线也有接触面，但机械强度很弱，接触的压力也不够，因而很危险。

即使采取螺钉颈部固定的方法，在车间中也必须注意以下几点。

螺钉一般都是向右拧的。所以，电线的头应该从左向右缠绕。也就是说，根据拧螺钉的方向，来决定电线的缠绕方向。如果是很粗的单线，可能影响比较小吧；如果单线很细，重要部分被系紧时，电线会被螺钉的颈部挤压出去。

如果换成绞线，随着电线被系紧，将其扭绞会很容易散开，从而被螺钉的颈部挤出去。

为了避免这一状况的发生，应只在螺钉上缠绕一圈电线。一些外行人经常把其前段重叠，这是不行的。由于螺钉的颈部被压的电线的厚度是原来的两倍，所以看起来是拧好了，其实其他的部分并没有拧住，很快就会松动或脱落。

所以还是应将电线只在螺钉上缠绕一圈，且不能重叠。另外，为了更加可靠，应该把软线弄成环形，然后把软线的前端缠绕上。但是，即使是这样，重叠部分还是很厚，且与螺钉下面颈部相接触的部分的厚度也就不一致了。所以，除把软线弄成环形之外，还要用钳子把重叠部分压扁，以使螺钉下面颈部相接触的部分的厚度一致。

▲ 即使将缠绕在螺钉上的线再缠绕一圈，缠力也不会增加

把软线弄成环形，再用钳子把重叠部分充压扁，然后固定于接线柱上，且没有多出的部分，再把环的整体焊起来，就完成了。但是，用焊锡来固定时，也要用钳子等将焊锡部位压扁。

这样，再把电线接入接线柱，就不会有问题了。

另外，绞线也有从右向左拧的，在固定时也要充分地绕紧。即使这样，绞线有时也会分散。所以，也要用焊锡固定。

在剥下绞线的绝缘层时，1 根或 3 根细的导线束（$\phi 0.18mm$）都很容易被切断。如果被切断，剩下的部分一定要处理干净。否则，内部会发生短路从而引起事故。

棉纱编织袋形软线、棉纱编织圆形软线的末端处理方法如照片所示。若散开的棉线进入绞线的内部，会引起接触不良。

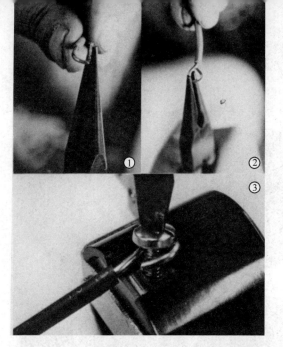

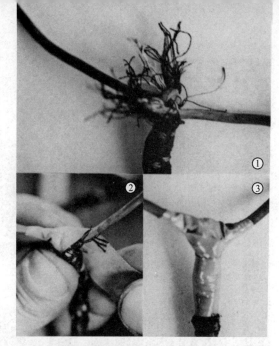

单线 用电工钳将单线弄弯，并将其弯成一个环形固定到螺钉上

袋形软线 首先要把导线系一下，然后缠绕上聚氯乙烯胶带

绞线 将绞线在螺钉上缠绕一圈使其成环形，然后将绞线的头向原来的方向充分地缠紧。如果可以的话，可以用焊锡来固定

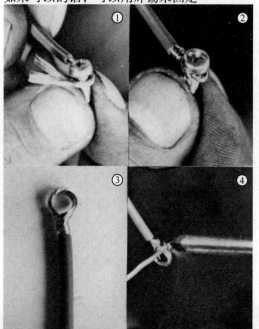

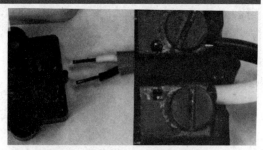

▲将单线插入，然后从上方用螺母压住

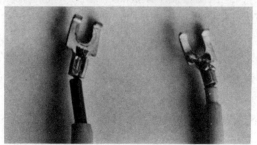

▲将绞线连接到接线器上，然后用焊锡固定

布线器具

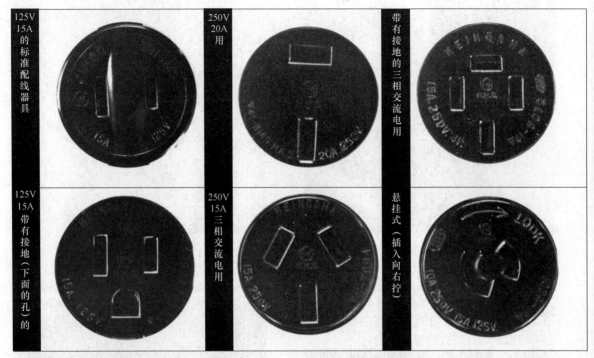

125V
15A
的标准配线器具

250V
20A
用

带有接地的三相交流电用

125V
15A
带有接地（下面的孔）的

250V
15A
三相交流电用

悬挂式（插入向右拧）

▲选用的插头要与插座相吻合

布线器具就是在工厂或者家庭中进行布线、接线所用到的设备如照片所示。

电线的连接应该按照第92页所说的注意事项来进行。

除了照片所示的各种插座外，还有受电流大小制约的插座以及大电流用的大插座等很多种。照片中所示的是安装到电线管用转换开关盒的插座，也有外漏于柱子和墙壁表面的插座。不管插座的形状如何，所插入的插头必须和插座的形状和尺寸相吻合的。

将电线管接入转换开关盒，并覆盖面板（在日本国家标准中叫做微孔板），面板的孔如照片所示，共有三种。其中方形和椭圆形

▲带有接地的插头（左）和悬挂型插头（右）

▲橡皮软线紧紧地与插头相连接

▲面板的孔规定为圆形、椭圆形、长方形三种

▲埋入式开关盒（左）和露出型插座

▲防水型插头与软线的外径紧密接触

也有很多种类。家庭用电器的插头大多是塑料制的，构造与前面所说的相似，而接线用的全是绞线。导线束是 30 根 $\phi 0.18mm$ 的线，公称横截面积是 $0.75mm^2$，容许通过的电流是 6A。

工厂内的电气设备、办公室内的固定办公设备的接线，用的都是橡皮绝缘软线，其绝缘线的外侧也是使用聚氯乙烯或橡皮等保护的。与这样的软线配用的插头一般是塑料制的，而且芯很细。由于外部是橡皮的，所以即使是人踩，也不会损坏。电动工具的插头也多为橡皮的，而且，这种插头上还有防水型软线，防水型软线大多是圆形的橡皮绝缘软线。

因为导线很粗，三相交流电用的插座很重，插头也很结实，所以必须认真地进行接线。同时，也有 4 个脚的插头，这种插头是在三相上增加了接地的脚。因为软线直接拧到插头上，所以一般不会对接线部分造成影响的。

另外，还有悬挂型插座。像照片中所示的插头的脚被制作成钩形，并被配置到同一圆周上。插头插入插座后，使其稍微地向右转动，在内部插头的上向钩形就与插座内的插槽扣在一起。这样，插头就不能从插座中拔出来了。

的孔又分别根据其天头和地脚分为 2 孔和 3 孔。插头、开关等也要和这些孔相吻合。

插座中的线路，是在安装插座前就设计和安装好的。可把这些装好的导线从 1 个口增加到 2~3 个口，或者在柱子和墙壁的表面增设露出型的转换开关盒。因转换开关盒大多是塑料制的，且用木螺钉来固定，故进行接线时，要用公称的 F 电缆，术语是 600V 电压用的聚氯乙烯绝缘橡皮电缆，型号为 VVF。

根据不同的要求插入到固定插座的插头

电线管

▲各种各样的电线管。左：无螺纹 中：薄壁
右：厚壁电线管

▲圆形露出式接线盒。在其中连接电线，可使电
线分叉

▲直角弯头。上面的是没有螺纹用的，下面的是
薄壁钢管用的

▲露出式接线盒。这种开关盒是安装到柱子和墙
壁上的

▲连接件。即使是不旋转电线管也可以进行连接。
左边的是薄壁钢管用的，中间的是无螺纹电线管
用的，右边的是组合连接器

▲配电箱。左边的是带外壳的，右边的是没有外
壳的

96

在工厂里，有许多重的、尖锐的金属制品，也有热、火等影响，为了保护电线不受损害，在建筑过程中应把电线埋入混凝土中，使电线从电线管中通过。

电线管主要是钢管，分为薄壁钢管、厚壁钢管和无螺纹钢管三种。薄壁钢管和厚壁钢管上制有电线管的螺纹，通过这些螺纹可连接钢管。根据外部直径不同，薄壁钢管和厚壁钢管都又可以再分为三种，对应的薄壁钢管、厚壁钢管也各有三种叫法，且各种叫法和外部直径都不一样。

电线管上有各种各样的配件，利用这些配件可以进行配管。

电线管中还有硬质聚氯乙烯管、铝管，这些也有其各自的配件。

▲通用接线器。从左边开始分别为 **T** 型、**L** 型、**LB** 型，从电线管中引出电线或者插入电线，电线的外皮都会脱落

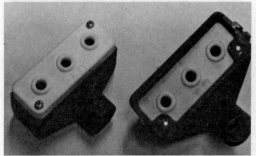

▲为了防止水进入引线套管盖（左）和引入端盖（右）的电线管中，要使白面向下

▲右边的为套管，左边的为绝缘套管，将这两种零件安装到电线管的头部以保护电线的绝缘层

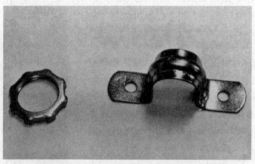

▲左边的是将开关盒固定到电线管上的锁紧螺母，右边的是将电线管固定到墙壁上的 **U** 型夹

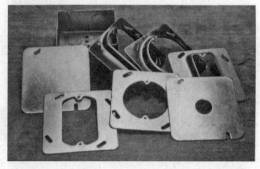

▲混凝土制接线盒（四边型）和各种各样的盒盖

工具

电线的连接和切断，把电线连接到布线器具，器具的安装和卸下等工作的进行，需要使用各种各样的与之相对应的工具。而且，各种工具有其不同的使用方法。

电工钳　电工钳是切断和弯曲比较粗的线时所用的工具。其构造很简单。在切断和弯曲铜线时，虽然效率有所差别，但是不管怎么使用都是可以的。在切断粗线时，要把粗线放至钳刃的最深处。这一点是利用杠杆原理，应该容易理解。

用电工钳来切断细的绞线是不行的。电工钳的两个钳刃所成的角度是90°左右时，使用钳子进行切线时用两个钳刃夹住绞线拉扯着切断。但对于公称横截面积小于1.25mm²，束线或直径大于ϕ0.18mm的绞线，实际上由于钳刃的磨损、铰接处的间隙及线的弹性，很难将其完全切断。因为其中的1~3根束线，仅可勉强撕断，所以切断面会不整齐。

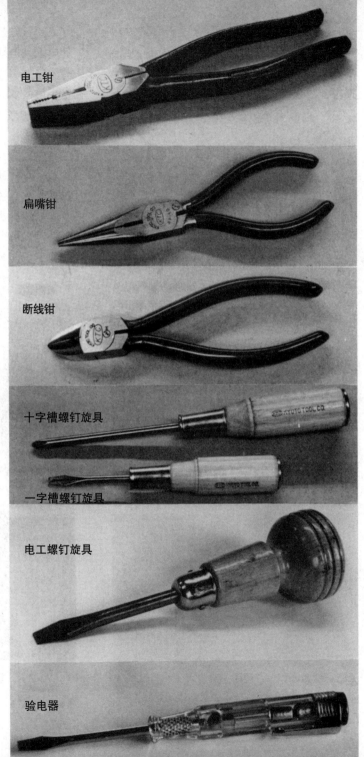

电工钳

扁嘴钳

断线钳

十字槽螺钉旋具

一字槽螺钉旋具

电工螺钉旋具

验电器

扁嘴钳

扁嘴钳是前端细且长的钳子，而且比一般的钳子要小。扁嘴钳细长的前端常用于细线的精加工。电工钳的前端，即使是合上，两个钳刃之间也有 0.5mm 左右的空隙。扁嘴钳的前端紧紧地贴合在一起，即使是很细的线也可以折弯。

切断线的方法和一般的钳子一样。粗线可勉强地用力去切断，但细的线却切不断。

断线钳

断线钳是用于剪切细线的工具。断线钳的钳刃和电工钳、扁嘴钳不一样，其钳刃是锐角、单刃的，所以用断线钳钳刃侧面的一部分就可以切断电线。剪切钳轻轻闭合时，钳刃的前端接触，而基部还是会留有一定的空隙。使劲握紧剪切钳时，钳刃的前端到基部都可以紧紧地合在一起。这样，使用断线钳可以将极细的电线切断。

十字槽螺钉旋具

十字槽螺钉旋具俗称十字花螺丝刀。十字槽螺钉旋具一般是用来拧 M3~M5 的 2 号螺钉。事实上，十字槽螺钉旋具不用于比 2 号螺钉大的小螺钉（法语中的 vis）和木螺钉。在使用十字槽螺钉旋具时，应使用 JIS 标准规定的标准产品。因为不符合 JIS 标准的十字槽螺钉旋具的前端尺寸和形状都不标准，所以使用这种十字槽螺钉旋具，会毁坏螺钉的十字

▲电工钳的前端有大约 0.5mm 的空隙

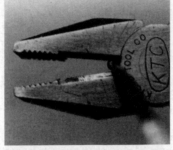

▲在用电工钳剪切粗线时，要用钳刃的最深处

▲扁嘴钳的前端是紧紧地并合在一起的

▼验电器的前端接触非接地侧时，手柄中间的氖管会发亮

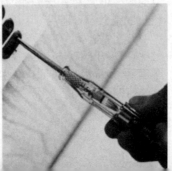

槽。使用标准的十字槽螺钉旋具时，即使是向下使用时螺钉也不会损坏十字槽。

通常标准的十字槽螺钉旋具看起来比较大，而非标准的十字槽螺钉旋具较小，这一点必须注意。

一字槽螺钉旋具

一字槽螺钉旋具俗称一字花螺丝刀。一字槽螺钉旋具即使是非标准品，也不会有什么影响。但是，应该使用与螺钉头上的螺旋开槽相符合的一字槽螺钉旋具。

电工螺钉旋具

因为是电工人员使用的，所以电工螺钉旋具的旋柄部分被制作得比较大，以便于用力。旋柄手中间的凹处是用来缠住电线（单线）的。

验电器

验电器的手柄是绝缘的透明塑料，头部用于接触带电体。握住验电器的手柄，使其前端接触需要进行检验地处。当验电器的前端接触到交流电非接地侧时，手柄内部的氖管会发光。当验电器的前端接触到插座上的小口时，也会出现这样的现象。

刀

这里所说的刀不是电工刀，使用任何刀子可以去除电线的绝缘外皮。

剪子

剪子可以用来剪切从棉纱编织袋形软线、棉纱编织圆形软线上剥下的外皮，还可以剪切橡皮、绝缘胶带等。

绝缘胶带

　　这里所说的绝缘胶带、聚氯乙烯胶带等，在 JIS 标准中叫做"电绝缘用聚氯乙烯胶带"。这种胶带在任何一个电气用品商店里都可以买到，而且电力公司等的宣传品中也有对胶带的缠绕方法的指导。但是，大多数人对绝缘胶带的使用方法还是没有完全了解。

　　通过很严格的试验得出，JIS 标准的绝缘胶带在 5000V 的电压条件下可以绝缘 1min。所以在所使用的电压范围里，都是 200V 以下电压，这时把绝缘胶带重叠 1 次使用就可以绝缘了。

　　但是，实际使用的绝缘胶带不一定同试验状态下那样。所以，必须采取一定的安全措施，而且必须了解聚氯乙烯胶带的性质以及机械条件和物理条件。

　　首先，在缠绝缘胶带时，应缠绕紧贴。如果胶带没有缠紧或出现空隙的地方，绝缘胶带的绝缘性会变差。虽说如此，但是在连接细线时，把胶带完全缠紧是不可能的。

　　其次，需要注意，不能用力拉着缠绕胶带。标准的胶带厚度为 0.2mm，拉伸 100% 也就是拉伸到原来的 2 倍，则厚度会变成了原来的一半了。如果胶带的厚度变为原来的一半，其绝缘性就会变差。如橡皮气球在拉伸状态下，即使作用很小的力，也会使气球破坏。同理，用力拉伸缠绕胶带，胶带的强度就会变小。

　　如果内侧的线凸出或粗糙（当然会有），缠绕在这些地方的胶带则会被拉扯变薄。如果胶带蹭到地板等地方，就很容易磨破。所以在使用胶带时，请考虑到胶带的力学性能是很弱的。

　　在日本的"室内线规定"中，有"胶带要以其半幅反复重叠缠绕"的规定，也就是说要使绝缘胶带缠绕 4 层。

　　但是，这种缠绕方法只是为了绝缘，而没有考虑到诸如绝缘胶带的外侧损毁的情况。在工厂和家庭中经常会做连接软线、缠胶带等的工作。当然，前提是不能拉扯软线。所以，如果绝缘胶带与其他物体相互摩擦产生磨损，为了保证其绝缘和机械强度，应把胶带缠绕 4 层以上，才能保证安全。

　　在缠绕胶带时，请注意不要拉扯胶带、避免出现尖角等问题。

　　另外，在市面上出售的还有一种叫做"绵胶带"的绝缘胶带，但最好还是以聚氯乙烯树脂胶带作为标准来使用。

▲以胶带一半的幅度重复地缠绕 4 层

▲电绝缘用聚氯乙烯胶带

▲绵胶带

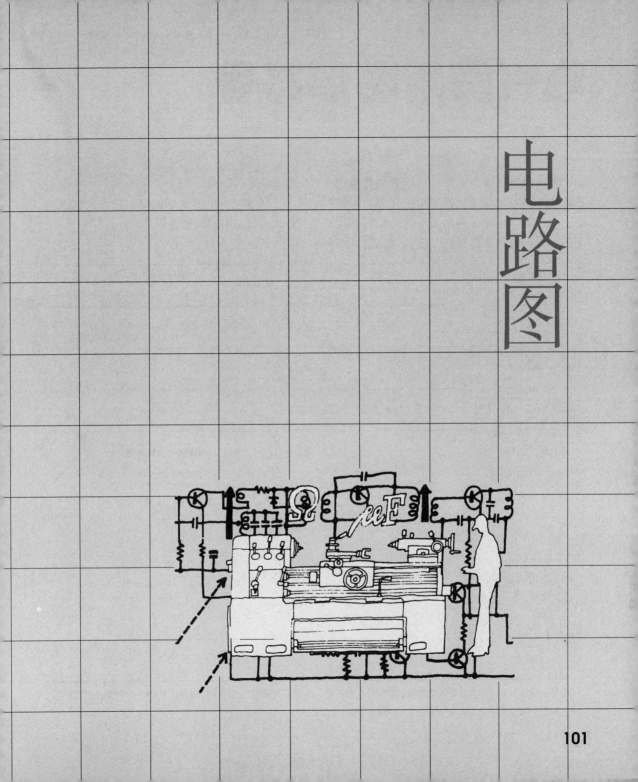

电路图

电气图用图形符号

为了使电气设备运转，必须要用导线把各种各样的电气设备连接起来。在 JIS⊖标准中，表示电气连接关系的图形符号是有所规定的。正如机械制图标准一样，电路制图中

也有一定的标准。

在这里不可能全部例举出来，所以只能介绍一些基本的图形符号。

直流	— — —	例：Ⓐ 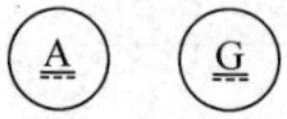 Ⓖ
交流	～	例：Ⓐ 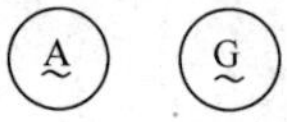 Ⓖ
高频交流	≈	例：Ⓐ 
可调节的一般图形符号	①↗ ②预调 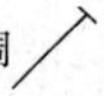 ③连续可变 	
连动的一般图形符号	– – – –	例： 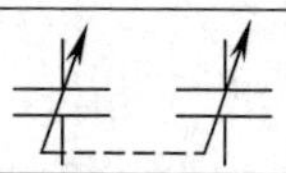 双联同调可变电容器
导线（一般）	——	例：表示导线数时 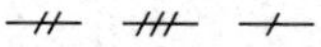 2根 3根 n根
T 型连接		
交叉	①交叉连接  ②交叉不连接 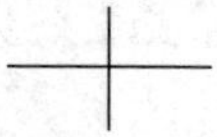	
端子和连接点	① ○ ② ●	例：—○ 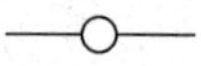
接地	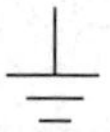	

⊖日本标准与中国标准的电气简图用图形符号略有不同，本书主要采用日本标准，部分符号进行了中国标准化改造，相关中国标准详见 GB/T4728、1~13–1996~2000。—译者注

102

功能等电位联结	 ⊥	注：在不产生误解的情况下，斜线的一部分或全部可以省略
电阻或电阻器	①—[□]— 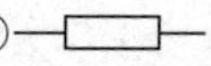	②无感应  ⊓⊔
电源	①电池或直流电源 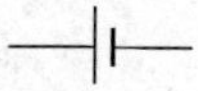 —┤├—	②交流电源  (∿)
发电机	 (G)	注：直流电和交流电的区分　交流   (G̲)　直流 (G̲)
电动机	 (M)	注：直流电和直流电的区分　交流   (M̲)　直流 (M̲)
器件或设备	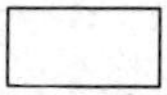 [▭]	在 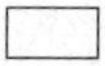 [▭] 内填入表示种类的文字或者图形符号
仪表	 ◯	例：(A) 电流表　(V) 电压表　(W) 功率表
熔断器	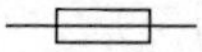 —[▭]—	注：开放型与封闭型的区别 　—[⟋]— 封闭型
开关（一般）	 ⟋	
整流器（一般）	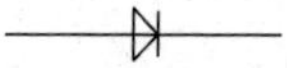 —▷⊢—	注：箭头所指向的是直流电流的流动方向
整流器（桥型接线）	① 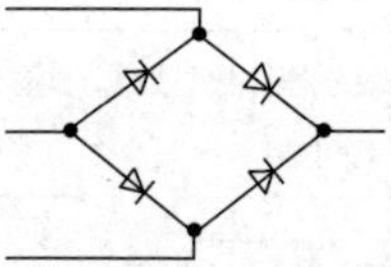	② 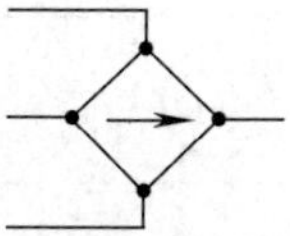
触点（一般）或手动触点	①动合触点  ⟋	②动断触点  ⟍
手动操作自动复位触点	①动合触点 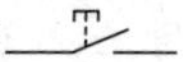 T⟋	②动断触点  ⟍T
继电器触点或辅助开关触点	①动合触点 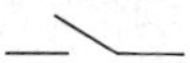 ⟋	②动断触点 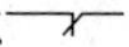 ⟍

机床用图形符号

很多机床用图形符号是 JIS 标准中所没有的，或者根据 JIS 标准进一步细化的部分。从中选取出一部分规定为机床电路中表示电气连接关系的图形符号，这一标准简称为 MAS。

打开机床中与电相关的门、盖子，其内侧往往贴有机床的电路图。机械的使用说明书中也肯定带有电路图。

但是，JIS 和 MAS 的符号的意义是有所不同的，应注意。

端子和连接点	①○　②● 例：—○——○— 
电磁线圈	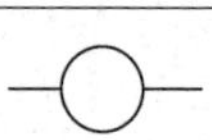 例：弹簧锁 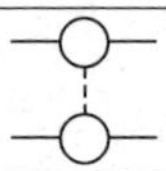
继电器的热元件	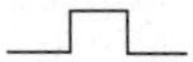
螺线管	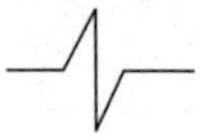
变压器	 注：带有铁心的情况 
电动机和发动机	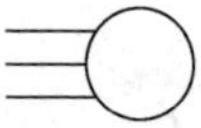 注：表示三相三线式。填入 M 表示电动机，填入 G 表示发电机
电阻器	①固定 　②带分线头 
可变电阻器	 （日本标准） 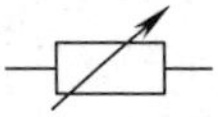　注：用标度盘表示时 
熔丝	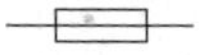 注：封闭的情况 
接地	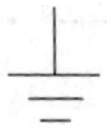

功能等电位联结	
器件或设备	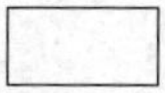 注：在 ☐ 内填入表示种类的文字或者图形符号
连动的一般图形符号	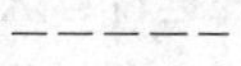 ------
断路器	 注：三极的情况 
断路器	 注：三极的情况 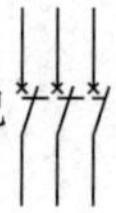　例：电磁式 　热电磁式 
限位开关（包括微动开关）	①一般 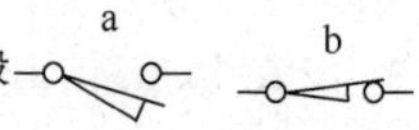 ②中间型 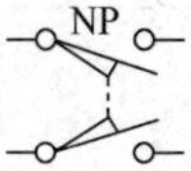 ③保持型 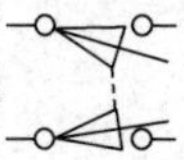 a 表示动合触点，b 表示动断触点（余同）
按钮	①一般  ②伞型 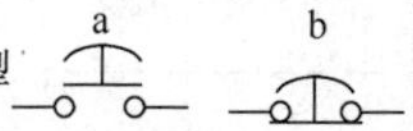
限时操作瞬间复位触点	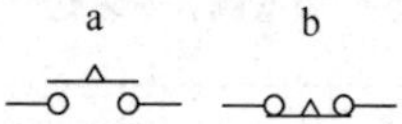 a b
瞬间操作限时复位触点	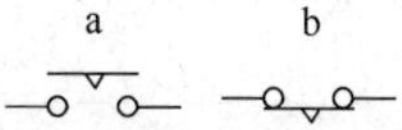 a b
一般触点	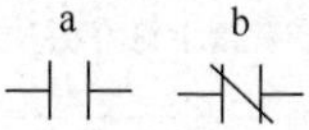 a b
手动复位触点	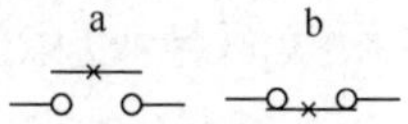 a b　例：热继电器的触点
自动复位触点	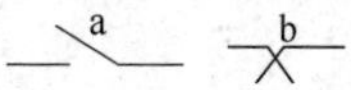 a b
开关（一般）	①单极单投  ②双极双投 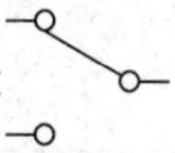

105

室内布线用图形符号

在室内布线时涉及一些和机器设备不同的电器。动力和照明用的电力线、电视机线、电话机线、公司内广播和通信用的通信线、火灾探测报警器等都要进行布线。

在进行建筑设计和机械设备布置的同时，必须进行室内布线。

室内布线中重要的图形符号汇总如下。

顶灯	○	注：在表示荧光灯具的安装方向以及其连接方向时，□表示重合 例：F40W2　F40W2×3　F40W3×2 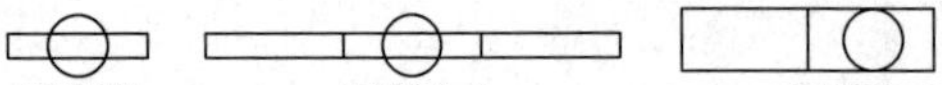
壁灯	◖	注：安装到墙壁侧，适用顶灯的安装  ▭
非常用照明灯（根据建筑基准法的照明灯）	●	注：与感应灯兼用的情况 ◉
插座	⦂	注：安装到墙壁侧。安装到墙壁以外的情况 ⦂
非常用插座（根据消防法）	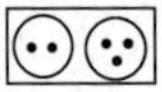 ⦂⦂	
点灭器	●	注：极数　带有指示灯在旁边标注上 ●3　●L
电动机	Ⓜ	注：根据需要可以在旁边标注上容量等 Ⓜ $^{3\phi200V}_{3.7kW}$
风扇	∞	
空调	RC	注：表示分离型时，需在符号旁边标记上 S

开关	① S ②电磁开关 S ③带电流表 Ⓢ Ⓢ
配电断路器	B　　　　　注：表示电动机断路时 B
漏电断路器	E　　　　　注：带过电流元件时 BE
切断开关	C
电能表	ⓌⒽ　　　　注：表示箱型或带有风斗时 WH
配电箱或分电盘	▬　　注：不同用途的表示方法 ◣照明用　　⊠动力用 ◪电功率和电热用　　▨直流用 耐热保护时需用两层线框来表示 ▬ ◣ ⊠
屋顶隐蔽布线 露出布线 地下隐蔽布线 地面露出布线 地中埋设布线	——— - - - - - — - — ·—·—·— 　　注：屋顶的埋入配线和屋顶的内部配线需要进行区别时可以使用—————— 电线直径的大小表示 例：—1.6— —2— —2mm²— —8— 电线根数的表示 例：—ⅲ—
向上·向下·垂直 通过元件	①向上元件⚲　　②向下元件⚲　　③垂直通过元件⚲
接地	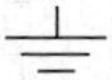 ⏚
分线盒和接线箱	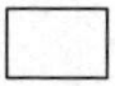 ▢　　　　注：根据箱子的大小形状表示出实际电缆交接箱
VVF 电缆接线箱	⊘
电话机	①内线电话机Ⓣ　　②用户电话机Ⓣ

注：表中的所有图形符号均采用日本标准。—译者注

卧式车床的电路图

这是大隅铁工制造的 LS 型车床的电路图。

主轴电动机是输出功率为 5.5kW 的 4 极电动机。主轴电动机是以 Ｙ-△ 联结的方式起动的，可以反转和正转。一般的机械工人，在车床电气相关的知识仅限于此。如想稍微了解得更深些，应该注意到电源开关、近处的指示灯、照明用的白炽灯及荧光灯管、电珠和 100V 的电源。

在机械中，三相电源 L1 相和 L3 相给操作主开关（电磁开关、磁性开关）供电，或者说是既有接通和切断主开关电磁线圈的限位开关，还有带有熔断器的电源开关。

如果不开启主开关，操作电路中将没有电流通过，主轴电动机也不会运转。开启主开关，信号灯就亮了。

这个限位开关是通过操作位于工作台右侧的开关手柄使凸轮移动并工作的，控制电动机正、反转。

由电路图可知，有 4 个主开关。上侧开关的左侧是正转电路、右侧是反转电路，下侧的左侧是星形联结用、右侧是三角形

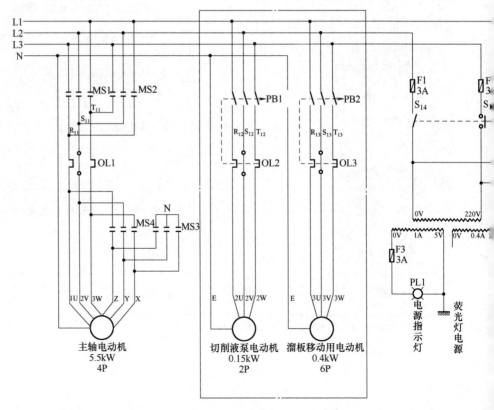

主轴电动机
5.5kW
4P

切削液泵电动机
0.15kW
2P

溜板移动用电动机
0.4kW
6P

电源指示灯

荧光灯电源

联结用。电路通常是上、下各一个开关，一共两个开关一起工作。

主开关中 3 根线中的 2 根，与防止负荷（over load）的热继电器相连接。在电路过负荷时，为了避免电动机烧毁，可迅速切断电源。

当切断电源时，主开关操作电路中的继电器会断开其回路。因为此处要进行手动复位，所以即使操作开关手柄，电动机也不会运转。电流过大所造成的热量不消除，过负荷就不会消失，所以要稍微停一下，等继电器冷却下来，再使其恢复工作。将主开关电路引出的两根线连接变压器，用这个变压器来提供信号灯的 5V 电源和荧光灯的 100V 电源。

因为切削液泵的电动机所需要的电流很小，所以可选用转换开关来控制。又由于制动器是液压的，所以主轴操作辅助回路中用限位开关，当没有液压时，回路可自动断开。

另外，电源中第 4 根用 N 表示的线是接地的。

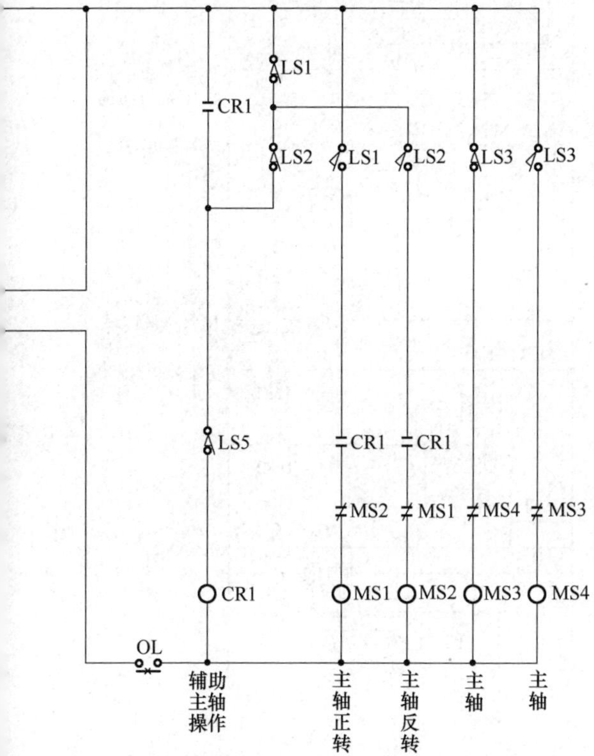

在这个电路图中，右侧（见本页）的部分是对连接到主轴电动机的电磁开关 MS1~MS4 进行操作的电路图。本页图下的部分是与第 108 页控制主轴电动机的电磁开关的接线相重合的，所以在这里又单独画了出来。也就是说，第 108 页主轴电动机的电磁开关 MS1~MS4 和本页○中的 MS1~MS4 是相同的。

在这个电路图中，布线的长度和实际电路中布线的长度是没有关系的。电路图中的线即使是 10mm 左右，但实际的布线有可能只是 1mm 左右，当然也有相反的情况。对于电工人员来说，这种情况是经常见到的，但车间工人却不是很熟悉。

109

数控加工中心的电路图

在车间中，数控加工中心简称为 MC。与 NC 相比，除了可以自动更换刀具之外，还有很多其他的功能，与之相对应的电路也更加复杂。本页中的电路是某种数控加工中

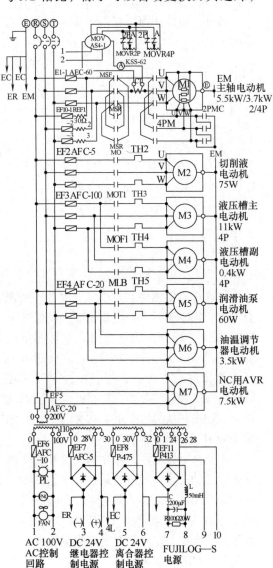

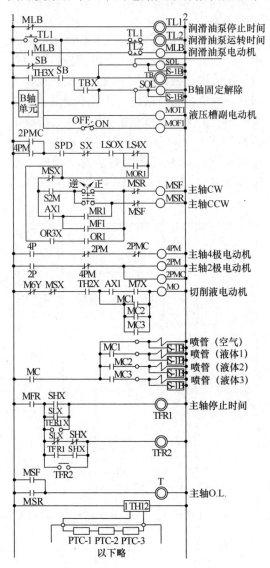

心的电气电路中常用的一部分。因为不可能对全部的电路进行说明，所以我们只是介绍其中的一部分。

除了电气电路之外，还有控制电路和数控电路。因为它已经超出了技能图书内容的范围，所以作为参考而增加了本页。

另外，由于实际电路中所有用的各种符号、数字、文字过于专业，所以都省略掉了。

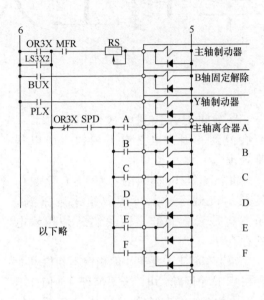

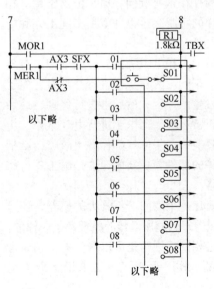

注：电路中的图形符号均采用日本标准—译者注

车间工人和电工

当车间工人谈到电这个话题时，一定会说到"因为电是看不到的，所以很难处理"。

机械是可以看到的，所以不管如何复杂的机械运转都可用眼睛来观察到。虽然电是看不到的，但我们还是相信电的存在。

如果车间工人提出"你相信不相信电的存在？"这个问题，电工会很惊讶。他们并不是对电的存在抱有疑问，而是惊讶于用"相信"这样的字眼。这也许就是车间工人和电工的不同吧。

车间工人和电工机械故障的处理也有不同之处。车间工人对机械进行修理时，先了解事故发生的原因，然后再进行修理，最后使机械正常运转。而电工进行电气维修，主要就是替换。如果电气部件发生故障，就把发生故障的部件换成新的，这是电工进行修理的思路。

车间是一个房间。不管大的机器，还是极小的机器，它们所运转的原理都是一样的。如果构造相同，因为是可以看到的，其修理思路也都一样。而对于电工来说，面对的情况却有所不同，强电和弱电是完全不一样的。即有时有问题问电工，他们的回答也大多是"不了解电动机"、"请使用弱电"之类的答复。

虽然，同样都是关于电的问题，但是得到的答案却完全不同。是电工真的不懂呢，还是装作不懂呢？这就无所得知了。

但是在这个世界上，有既懂得机械，又了解电的人，就是以车间工作为本职工作，而对身边的电的问题又基本了解，并且可以处理这些电气故障的人，这种人是最受欢迎的。与这种人交谈，往往会把话题引到"电工给人讲解时的不足之处"。

非电气专业人员的人问电工问题时，电工往往用自己掌握的电方面的知识作为回答，但并不做什么解释。

例如，向电工提出一些关于电的问题。虽然常说电流是从正极流向负极的，但是直流电的电流的正极和负极是在一条水平直线上的，而不是在垂直的直线上的。如果是交流电，就更加难于理解了。交流电的电流流向被描述成从正极到 0，从 0 到负极，从负极到 0，再从 0 到正极，这样的一个曲线。即使是怎么要求电工讲明白些，也是没有用的。而且，如果有人向电工提出这样的问题，他们往往会很紧张，甚至还会认为自己是被人戏弄了，因而有时还会生气。

所以从这一点上来说，车间工人还是懂一些电方面的知识比较好。了解了机械方面的知识，再懂得如本书这样或者比本书内容更深一些的电的知识后，平时所遇到的情况，一般都可以迎刃而解。如果这样的人多一些，工作效率也会大大地提高。

❈关于电气○○

在日本，现在所使用的洗衣机、冰箱、吸尘器等在刚刚出现的时候，其名称中都有"电"字，即电洗衣机、电冰箱、电吸尘器。因为在刚刚出现时，与洗衣机相对应的有"洗衣盆"和"洗衣板"，而电冰箱则对应于"冰冷藏柜"，吸尘对应于"扫帚"和"掸子"。

当然把"电"字放到前面，也有商家为了让人觉得所出售的东西是新的、先进的、方便的东西，而有所夸大的原因。

但是，这里所说到的"电气○○"中的电，并不是直接用来洗衣物，或者直接使东西冷却以及直接把房间打扫干净，而是利用电使电动机运转，进而完成工作。而之后的洗涤、冷却、打扫房间的工作原理与之不同。

所以使电器运转的动力也可不是电，而是蒸汽、畜力、人力等。话虽如此，大概没有人会去用那些麻烦的动力了吧。

总而言之，用电作为动力源是非常方便的，而以上电器的应用也足以证明这一点。所以，严格地说以上的电器应该说成"电气○○"。

另一方面，像电饭锅、电暖气、电熨斗这些使用热的电器是直接把电作为热源来使用的。因为之前有用炭火的"暖气""熨斗"，所以如果使用电作为热源的话，这些家用设备前加上一个电字，应该是比较严谨的说法。

有的电器用电气来命名比较好，但也有一些不太合适的，例如风扇，换气扇等，当然可说成"电气○○"，其实是"电动○○"。但是，风扇和换气扇在出现之前并没有与此对应的东西，所以不能说成"电气○○"。风扇等是从古代就有的，但那个时候还没有真正的"电气○○"，只不过是徒有其表罢了。当时日本把替代扇子的物品命名为扇风机。

如果提到"电动○○"，比较简单的有被称为电锯、电刨等一系列的电动工具。以前使用锯切削的工作和利用刨子来刨光的工作都是借助人力的。利用与手动工具不同的电动工具可以完成同样的工作，而且在日本把这些电动工具被非常贴切地称为"电木匠"，大概是因为利用电来完成木匠的工作，所以才这样命名吧。

另外一个让人感觉有意思的是电钻。电钻是在车间中用于钻孔的工具。如果从电锯和电刨的例子来分析，这是和电切割类似的工具。但是，电钻头不仅是木工很早就用的工具，还是铁匠常用的工具，所以这样的工具很难说就一定是车间中所使用的电钻，电钻的名称也不是来源于车间中所使用的钻头，但是电钻在 JIS 标准中有这个术语。

使用电来运转机床等设备，如电钻床。"电"字一般只适用于可以携带的工具，只有电磨床除外。另外，气动钻头和气动磨床的工具也使用同样的命名方法，这些只不过是把"电"字换成了"气动"字。

另一个很让人难以理解的是电钟表。以前的钟表主要以弹簧发条作为主要动力，而电钟表是以电动机作为动力的，所以电钟表必须要与电线相连接。在钟摆式钟表使用干电池的时期，也曾把这种钟表称为电池钟表，现在可能在某些地方电池钟表还在使用着吧。必须要区分电和电池。电池钟表是由于电磁铁的作用而使钟摆摆动的，所以又称为电磁钟摆钟表。

另外，还有用干电池供电，利用晶体管电路使电动机运转的钟表，它与电钟表就变得更加难以区分了。还有将电池替换成汞电池而使电动机运转的手表以及用晶体管振荡器的手表，这些表一般称为电子表。作为使用者，一般很难正确区分电钟表、电池钟表、

▲电子计算机比电计算机更高级？

电子表。

电子计算机的"电子"也属于这个类别。电子计算机是将手动的十进制法电动化后的工具，也被叫做电计算器。在处理数据时，只要按一下按钮就可以了。另一方面，根据二进制法，使用中继器的计算机也称为电计算机。将中继器改为晶体管之后，为了看起来像比较先进的东西，用了"电子"这样的词语。虽然这是不用赶潮流的，但是电计算机也被慢慢地称为电子计算机。现在已经看不到电计算机了，所以电计算机也就可以消失了。

❖ 与电子有关的东西

在不可以任意使用电的时代，电信、电报、

电话就已经进入了日本。电报也应该说是电信的一个领域吧，因为其毕竟是使用电的通信工具。它们可以说是比较高级的日语吧，因为它们创造了新的日语，这些日语来自英语的 telegraph、telegram、telephone，这些单词都带有前缀"tele"。

在我上中学二年级的时候，英语课上老师问学生们"tele"的意思，一个学生非常自信地举手回答说是"电"，之后的情况就可想而知了吧。

"Tele"是表示像"远"这样的意思的前缀，如果你知道望远镜（telescoper），就应该知道"tele"不是电的意思了。television 的原理在很久以前人们就了解了，在以前的科幻小说中被称为远距离透视装置，我们很幸运，现在电视机已经很普及了。传真机也是如此吧。

❂关于触电和短路

在我年轻时使用车床，电磁开关经常会发生故障，当时不像现在这么注意安全，因为一般可以从外面看到接片。如果按一下按钮，机器不运转，首先就去调节接片。断开安装在柱子上的刀开关就可以卸下接片，从而可以看到正转时三个接片的六个触点。可能由于当时不像现在这样普遍使用的银合金触点，所以接触不良而产生火花的地方经常

会被烧黑。一旦出现烧黑就要用砂纸去打磨，此外，烧黑的地方还会出现一些比较大的坑，可利用整形锉来锉平这些不平的地方。同时，因为铜的接片很容易变形，所以要调节这六个触点，使其非常紧密地接触。

因为当时的元器件质量不像现在这么好，往往经常需要修理，因此要记住开关的结构。刀开关发生故障时的处理方式也与此相同，要用整形锉来修整刀开关刀刃的卷起处和由火花所产生的凹坑。修理前，当然要把电源切断。但是现在的刀开关并不是直接断开和闭合了，和以前的使用方式不一样，所以一般刀开关的性能都有一定保证。

我当时所使用的车床，有时会发出嘎达嘎达的声音，因此一般会在机器的前面放一个木台子。现在也有这样做的，木台子对于个子矮的人来说是必需的。另外，还可以防御冬天时地面来的寒气，而且这个台子一般都是绝缘的。

那时，我总对组长说"这个漏电了，应该修理，把电动机拆下来吧"，电动机在车床的主轴台下方两条腿之间处。在平时所看不到的地方安装固定电动机的螺栓、螺母等，因为这些部件易存积油和灰尘，需把锈和灰尘清理掉。为了易于扳动扳手，右手可以拿着稍微大一点的螺钉旋具拧动。

最好是先切断电源开关（柱子上的刀开关）。因为这个开关控制着三台机床，切断电源时还要考虑到其他两个人操作的机器，所以切断电源开关往往是放到最后来进行，这

个也最好是在木台上进行。另外，拿螺钉旋具的方法：握住木制的把手部分，需要注意的是不要让食指接触到螺钉旋具的金属部分，且使螺钉旋具旋入。

在一次操作中，一瞬间我的左脚被向后面弹了起来，而且身体动弹不得。以上的情况是看到当时情况的组长所讲述的。这个时间大概有 3~4s 左右，我什么也没想，只想把被弹起的脚落下来，我的意识麻痹了，而且什么都记不起来了。

后来，我这次经历经常被作为笑话来说，实际上当时是因触电而造成了休克，即肌肉僵硬。听说那样做并不只会休克，但幸好我现在还活着。

这件事情给我了很多的教训，从安全的方面来说，一定要遵守切断电源的原则。因为后来经常接触到电，所以现在已经比较了解电了，已经养成了用右手的习惯。因为总是用右手，而不用左手来拿，使我觉得用一只手做比较好。若用左手来拿，电击时会经过心脏的。

但是即使用右手来拿，也不能用手指来接触金属部分，这一点是必须注意的。

✿ 笼型异步电动机的出现

下面是要拆开电动机，这里所说的电动机是笼型三相交流异步电动机。当时在书上只是读到这样一个名字，所以要拆电动机来看看其内部构造。我带着很多的疑问来拆开电动机，午休的时候已经拆到了转子的部分，就再也拆不开了，内部什么也没有，只是有一个像鸟笼一样的东西。真是不可思议，这种电动机怎么能够旋转呢？我往里看了半天，就是没弄明白。后来我明白了阿雷葛的实验和三相交流电可以产生旋转磁场，但笼型这样一个名字作为一种误导进入了我的脑海。虽然笼中有铁心，类似于鸟笼的笼型结构，但我还是难以想象这种结构。

当时那个电动机接线部分附近的绝缘层已经被破坏，因为空气中的水分侵入而使接线发生了短路，所以必须使其干燥后，再进行修理才可以。

用电设备

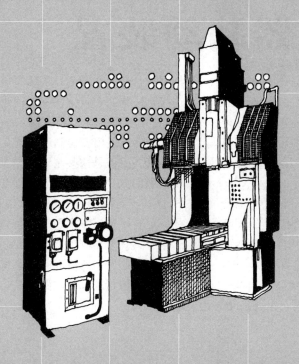

电磁离合器

电磁离合器制动装置

虽然明明是电气装置，但并不称之为电离合器制动装置。其实，叫做电离合器制动装置或电磁离合器制动装置都是一样的。这种装置是利用电的磁作用，通过电磁铁的运转和停止来控制离合器的连接和分离。

从原理上来看，电磁铁运转时会将离合器的铁片吸引过来，并与铁片相连接，切断电源开关，电磁铁停止运转，由于弹簧的弹力，离合器的部件可复位。离合器有咬合式、摩擦式和空隙式。根据离合器运转方式可分为机械式、油压式、电动式等等。也就是说，

根据离合器的主动侧和从动侧是否是用轴承连接，还是两者咬合在一起，或者通过两者之间的连接物体来区分的。

虽然电磁离合器制动装置在分类时被称为电气式，但是这些制动装置都是采用电磁铁吸引的方式完成工作的，所以任何一种形式的离合器制动装置都可以说成是电磁式的，而且生产厂家也是这样命名的。在实际运用中，离合器制动装置多为电磁摩擦式离合器制动装置，所以提起电磁离合器制动装置时，一般指的都是电磁摩擦式离合器制动装置。

118

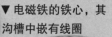
▼ 电磁铁的铁心，其沟槽中嵌有线圈

▲嵌入线圈密封其外侧是用壳模、砂树脂做成的摩擦面 这个是嵌入到驱动轴固定在外侧的

▲干式单片电磁离合器（上面是嵌入到从动轴中的，下面是固定部分）

离合器是安装在旋转轴上的，所以必须要考虑使电磁铁运转时的接线。因为电磁铁与旋转轴是分开固定的，虽然可通电，但是结构却很复杂。

而另一方面，如果把电磁铁和旋转轴固定在一起旋转，其结构就变得简单了。这时，必须要注意供电部分的电刷的磨损问题。

另外，有的离合器通过电磁铁使常态下处于断开的从动侧克服弹簧的弹力分离，也有的离合器通过电磁力使常态下通过弹簧连接在一起的从动侧克服弹簧的弹力分离。而对于主动侧，如果闭合电动机的开关可使离合器工作。电动机和离合器的开关都处于闭合的状态，这种离合器叫做励磁工作型离合器。现在一般使用的是励磁工作型离合器中的电磁铁不与旋转轴一起旋转的"线圈静止型"离合器。

这种电磁离合器的旋转部分与驱动轴连接在一起，通过电磁铁固定安装到摩擦板上，旋转过程中制动，这就是电磁制动装置。但是，在断电时励磁型离合器制动装置就不工作了，所以，与离合器工作模式是不同的。在旋转过程中，电流通过时制动装置分开，从而切断电动机的电源且通过弹簧制动。也有两种工作方式共同存在的电磁离合器。

▲电磁离合器制动（左边是离合器，右边是制动器）

▲电磁制动器

119

方形电磁卡盘

电磁卡盘

通过电磁铁的磁力将加工物吸引到卡盘面上进行固定的装置是电磁卡盘。虽然也叫做卡盘，但并不是像车床的卡盘或是钻床的卡盘那样用来装夹的装置。

一般来说，它就是一种比较简单的电气应用工具，并不像离合器或制动器（见第118页）要进行转动，而其实物的外形是没有什么特别之处的，就是方形或是圆形的装置，对于其内部的结构也没有必要进行过多的探究。

电磁卡盘上侧的板称为面板，可以打开面板看一下，面板被设计成严密的封闭形式，

即使是浸泡在切削液中也没有关系，此外接触面的最上部分应被设计成平面。

▲磁极被分为很细的东西（左）和被分为面积很大的东西

▲方形电磁卡盘上面板的背面（左）和嵌有铁心的线圈（右）

　　方形和圆形电磁卡盘的结构都非常简单。在中间的凸出部分的周围嵌有电磁铁的线圈，当电流从线圈中流过时就形成了磁场，且能够吸引磁性物质，但这对于加工物来说是不稳定的因素，而且必须考虑到对线圈的保护。如果把电磁铁一面作为N极，另一面作为S极，两面的磁极对磁性绝缘的情况下，应将易于吸引加工物一面。如果只是覆盖一块面板，电磁铁的N极和S极就会发生短路，电磁铁也就不能正常工作。

　　为了使电磁铁能正常工作同时又可以吸引加工物，电磁铁的N极和S极一定要磁性绝缘，只有在这种情况下将磁性体加工物放

▲圆形电磁卡盘的磁极有很多种形状

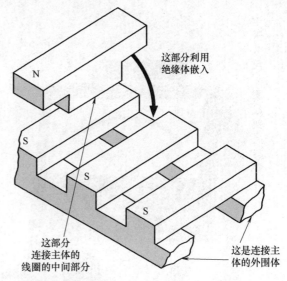

这部分利用绝缘体嵌入

这部分连接主体的线圈的中间部分

这是连接主体的外围体

▲面板的N、S极

到上面，加工物才会形成磁通路，而被吸引。电磁卡盘的面板要使加工物与电磁铁的N极和S极相对应进行恰当地配置。

　　面板表面的纹路是电磁铁的N极和S极磁性绝缘体。如果是方形电磁卡盘，请看一下它的侧面，其侧面成凹字形，一面是磁极而另一面是磁性绝缘体。字的磁性绝缘体中，被包裹的地方是与卡盘线圈的中心相连接的，而其他部分是与卡盘线圈的外侧相连接的磁极。

　　电磁卡盘面板上的N极和S极之间的磁力强度需要均匀地进行配置，为了使磁力的强度相同，在加工物放在上面时，必须使电磁铁的N极和S极之间的接触面积与加工物的宽度（磁通路）相同。

　　本部分从始至终都是介绍磁的内容，因为电和磁都是相互依存的，我们可以把本部分作为电生磁应用的一章。

121

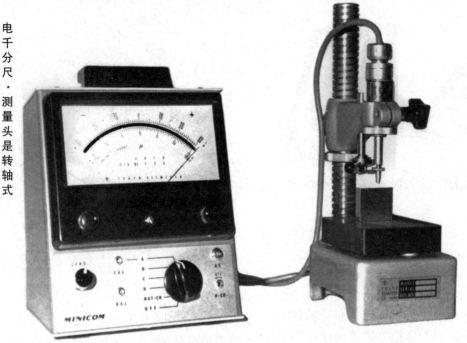

电千分尺

电千分尺是利用电来测量尺寸的工具。电千分尺可以精确到微米，操作简单，且没有误差。这种用电来进行测量尺寸的工具是基于什么原理呢?

被测量物的尺寸变化通过测量头的机械位移，其变化量可转化成交流电压的变化，把交流电压的变化进行放大，并用指针的振动表示出来，所以虽然是用电来测量尺寸的，但为了得到被测量物的尺寸变化还是要通过机械进行位移。将这种尺寸变化精确地变为交流电压时，以及将很小的变化增幅扩大时，都要使用强电流。

问题是如何将机械位移转变成交流电压的变化，图1是变压器，是使交流电压发生变化的装置，变化的比例是由一次侧和二次

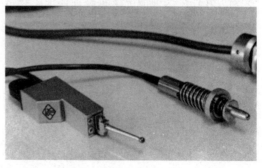

▲ 内部安装差动变压器的测量头（左侧为杠杆式）

侧的线圈匝数比得出来的。

请把图 1 所示的内容记住，看图 2。铁心是非磁性的，与测量头相连接。铁心的中间部分缠绕的是一次绕组，而二次绕组以一次绕组为中心，上下对称进行缠绕。

在这种情况下，铁心处于中间，上下两边二次绕组的有效匝数是相同的，上下两边二次绕组两端的电压是相同的。铁心上下移动时，与其相对应的二次绕组的有效匝数发生变化，上下之间的有效匝数就出现了差值，两端的电压与有效匝数成比例，也出现了差值。

也就是说，与被测量物变化尺寸相对应的测量头的机械位移等于铁心的移动量的变化，可以用二次绕组的正或负的电压差表示出来，然后将电压差放大，转化成指针的振动。为了达到这一目的，必须在电源处设置一个一次绕组加压的振荡器等。

将机械位移转变成电压变化的装置被称为差动变压器。除此之外，还要用到很多的原理，静电容量电极一边的位移→静电容量的变化，位移→电阻线的延伸→电阻值的变化的方式，位移→将压力的变化转变成为压电元件的电压的变化方式，一定的磁束中的位移→线圈的移动量→电流的变化方式等。

另外，测量头有像度盘式指示器做成测量轴的，也有如同杠杆式度量盘指示器的。

电千分尺测量头和指示器只是用电线连接，所以测量方法很简单，也易于读数，而且使用起来也非常的方便，这都是它的优点。另外，将测量值通电进行检知，可以使其他的开关进行联动，并且可以应用于自动定存装置。

▲ 应用电千分尺测量圆筒的自动定位装置

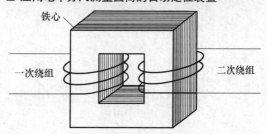

图 1　变压器的原理

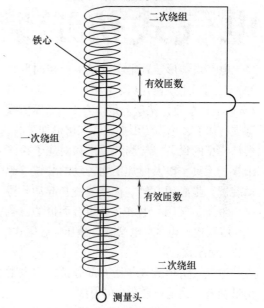

图 2　差动变压器

123

电气式仿形装置

电气式仿形装置是在批量生产相同形状的产品时，使用与其模型相同的切削工具（车床上是车刀，铣盘上是铣刀），即模仿模型进行加工，称为仿形加工。在仿形加工时，模仿模型的设备（检测装置）和对应于检测结果的工具，以及使加工物转动的装置（起动装置）是必须有的。检测装置和起动装置是由液压、气压、电气多种组合而成的，电气 - 液压式，电气 - 电气式，液压 - 液压式，气压 - 液压式。

电气式仿形装置是所有部分都使用电的仿形装置，这是一种夸大的说法。

比较简单的仿形装置是用于车床等的

ON-OFF 式的，现在不怎么常见了。这种 ON-OFF 式的开关是仿形装置与模型相接触的检测器，当其前端没有接触到模型时，开关会向前移动，使刀具也向前移动。

检测器也会以同样的距离向前移动，当其前端接触到模型时会向下压，开关断开，移动停止。被推送到往复工作台后，检测器模仿模型向下压紧，逆转的开关会开启，刀具后退，检测器压至开关切断处停下来。这样，就可以进行模仿模型的加工了。但是只是这样不能够进行准确地模仿和加工，还有一些电动机转速的调整、电刷等细节问题，也应进行相应调节。

▲ 电气仿形式设备中装有差动变压器

▲ 测量头（描图器）和 立铣刀

另外一个经常用到的是连续仿形加工方式，连续仿形加工方式在检出器中使用差动变压器（见第122页），根据检测量，使驱动工具在这种情况下将检测器向检测方向进行反向驱动，其位移量经常会变为零，这也是进给的变化量。

这些都是一次元仿形加工，使一定的工具和加工物向一定的方向进给，使工具前进或后退，模仿某种模型的方式，车床就是用这种方式。

如果进行外部轮廓的仿形加工，必须要进行纵横（x 轴、y 轴）两个方向的移动，称为二次元仿形加工。

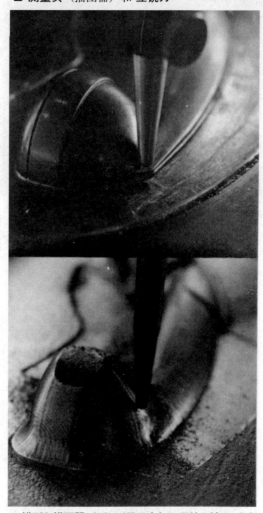

▲ 模型和描图器（上）以及正在加工用的立铣刀（下）

NC（数控）机床

NC 就是 numerical control 首字母缩写，即"数值控制"，数控机床属于电气应用机械。虽然有一些让人感觉牵强，但是数控机床是离不开电的，所以把它归为电气应用机械。如果想详细了解内容，请查看专门的书籍，本书只是对数控机床的概况进行说明。

以数控车床作为例，车床在切削某种产品时，使车刀切入进行进给，当进给到切削目的处时，停止进给，将车刀提起到最初的位置。当然之前要使主轴以某种旋转速度旋转，因为它决定了给进的速度（滚珠螺杆的旋转速度）。

进行操作的一般是车工，而数控车床可以完全把人做的事情用数值来代替，数值用二进制来表示，在纸带的开口处开始进行表示，二进制表示的方法就是其特色。

二进制中只有 0 和 1 两个数字，在纸带上打孔，有孔处为 1，无孔处为 0，即二进制在纸带上体现为有孔和无孔。将纸带放到读取装置上，与上面的光相对应，下面的光电束子给进带子，有孔处会透光，且产生电流，从而继电器开始工作（见第 82 页），有电流流过。

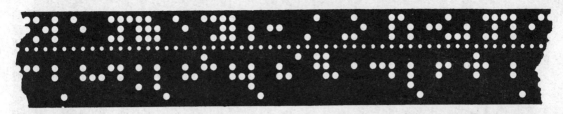

▲ 数控数据带

▲ 数控车床（左）和数控装置（右）

　　这样各个数值就变成了电，进入后面的演算装置。演算装置的电路很复杂，在这里就不加以说明了。最后演算的结果会输送到驱动部分，因为演算也是采用二进制法，所以通过电是可以进行的。正因为通过电可以进行演算，所以演算的速度比人的手和脑进行演算的速度要快得多，时间几乎为零。

　　然后，根据演算结果将指令传入驱动部分，驱动部分一般使用直流电动机或脉冲电动机（见第 55 页）。直流电动机可以对电流进行控制，脉冲电动机根据脉冲数和速度对主轴的旋转速度、进给速度、位移量进行适当的调节。直流电动机的旋转速度在一定的范围内可以进行无级变速，而位移量和位置的控制比较难，所以要设置比较回路，与检测的数值进行比较。这时，因为是利用电的高速运算，也可以进行回送，所以与机器的运动

▲ 数控装置

相比时间应该是零，且可以保持加工进度。

　　使用数控机床最大的一个好处在于，如果有了数据带，不管操作者的水平如何，都可以进行同精度、同速度的加工。对复杂物体的重量和反复加工是非常有利的，数控加工中工艺的差别在于不同的工程要进行不同的编程——数控数据带的制作。

制造耐热钢或高速钢等特殊钢的电炉。从上面可以看到电极

电炉

电炉是把电作为热来使用的具有代表性的设备。在炼钢和精炼时熔化金属的熔化炉，用于淬火和回烧时加热金属的调质热处理炉，这些电炉都是根据其用途来命名的。另外，电炉的名字也有根据其产出电热的方式来命名的。例如，利用电阻的电阻炉、利用电弧的电弧炉和像交流变压器那样利用感应电流的感应炉。这三种电炉是经常用到的。

电阻炉是利用电阻产生热的电炉，分为直接式和间接式两种。

直接式电阻炉仅用于使导体产生热，使电流直接通过导体，利用导体自身的电阻加热，所以常用于加热电阻小的金属，以及利用加热使金属石墨化、碳化。

间接式电阻炉是在电阻大的发热体（镍镉电热线、钽线和碳化硅）上加上电流，使其发热，利用对流、传导、辐射等使热进行传递的电炉。这种电炉一般都是小型的电炉，盐浴炉就是根据热传递原理设计的间接电炉。

电弧炉也可分为直接式和间接式。直接式电弧炉是在电极和产生热的物体间产生电弧，且利用这种热的电炉。因此，并不是任意制品都可以产生热的，炼钢用的电炉便是直接式电弧炉。

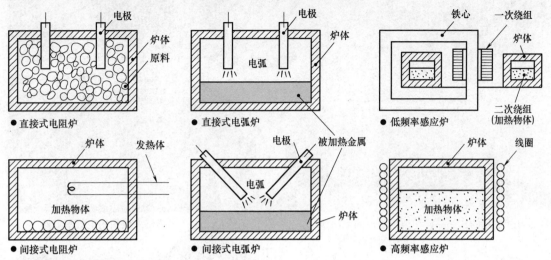

● 直接式电阻炉　　　● 直接式电弧炉　　　● 低频率感应炉

● 间接式电阻炉　　　● 间接式电弧炉　　　● 高频率感应炉

▲ 三种电炉的加热原理

间接式电弧炉是在碳的电极之间产生电弧，利用这种热给附近的物体加热的电炉。电弧炉的形状比较小，也适用于冶金。

感应炉根据所使用的电流可以分为低频率感应炉和高频率感应炉。

低频率感应炉在一次绕组中使用 50Hz、60Hz 频率的交流电，把要加热物体作为二次绕组放在一次绕组的外侧。电流经过一次绕组时，二次绕组中就会产生感应电流。因为是利用自身的电阻来加热，所以可以说是直接式电阻炉的一种变形，低频率感应炉不适用于电阻较小的物体。

因为高频率感应炉使用高频率电流，所以必须有高频发生装置。虽然使用高频发生装置会使费用增高，但是使用高频感应炉时不需要低频感应炉中的铁心，因为铁心的保养是很贵的。将需要加热的导体放入高频率感应炉线圈中心，当高频率电流从外部的导线中流过时，导体中将会产生感应电流。因为高频率感应炉不需要使用低频率感应炉中

的铁心，所以它是利用电流产生的热来加热的一种电炉。

因为感应炉是从被加热物体的内部开始加热的，所以效率很高。由于不消耗电极，不会掺杂碳等其他物质，所以感应炉被用于炼制高级钢材。另外，在加热绝缘体时，感应电流可以进入导电的坩埚内部，所以可以对绝缘体进行加热。

除了电炉之外，也有使用高频率加热的设备。高频率加热有感应加热和介质加热。

感应加热是通过水的流动，使加热导体进入冷却的钢管内部，利用感应电流加热的方法。这种感应电流是借助于线圈中的高频率电流所产生的。高频率电流有易于在导体中流动的性质，所以在进行表面淬火时使用很方便。

介质加热是对绝缘体加热的方法，把绝缘体放入很强的高频率电场中。虽然电流不能流动，但是根据电场方向的改变，分子可以产生振动，从而发热。电烤箱就是应用这种原理制成的。

129

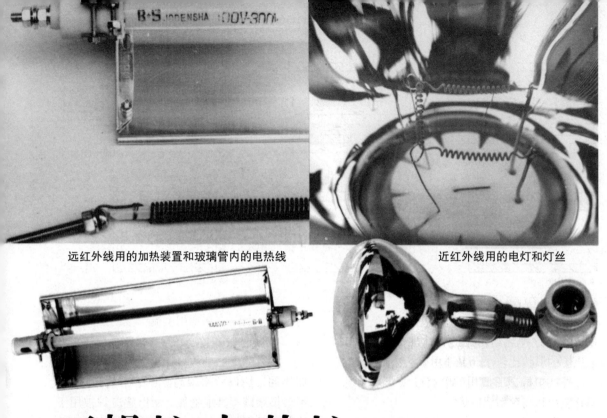

远红外线用的加热装置和玻璃管内的电热线　　　　　　近红外线用的电灯和灯丝

干燥炉·加热炉

　　把加热器尺寸变大便成为了干燥炉。为了使物体干燥，给物体加热是最简单快捷的方法，所以干燥炉也称为加热炉。而且有的干燥炉不是为了干燥而使用的，而是为了加热物体。

　　使用电使物体干燥也是将电作为热源来使用的，所以可能也有人会说干燥炉不是和电炉一样吗。虽然同样是把电作为热源来使用，但是电炉一般都是要产生持续的高温，而且需要使用耐火砖，而干燥器（炉）所产生的温度是很低的，一般来说其温度是从常温到数百度。

　　同样是把电作为热源来使用，但是干燥炉所用的方式与电炉也是一样的，都是利用电阻产生热（焦耳热）的方式和红外线的方式。

　　和电炉一样，用于产生热（电热）的电阻有镍镉线（条、板）等，而且要根据所要得到的热量或温度来选择材质或配置。为了使热不散失，可把整体包裹住。同时，为了达到使热传送均匀，要使用送风机等设备输送暖风、热风。

　　利用电热线把电能转化为热能的效率是最高的，可以达到95%左右。

另外，根据其使用红外线的不同，则使用红外线进行工作的干燥炉也有所不同。红外线是指电波、可见光线（普通的光）、紫外线、X 射线（伦琴线）、γ 射线（嘎马射线）等有一定波长的电磁波。可视光线红色侧外部的波长有发热作用的特征。

红外线是通过电子和离子的振动使物体变热的。随着温度的升高，红外线的波长变短，可使用电之外的物质进行加热，所以红外线是可以利用的。如果把普通电灯中灯丝的温度降低，就会产生很多的红外线。

红外线的波长是 0.75~400μm。一般波长小于 4μm 的红外线称为近红外线，大于 4μm 的红外线称为远红外线。

近红外线离光源比较近，不会被中间的空气等带走热量，可以直接渗透到物体的内部，所以可从内部开始加热。另外，由于离光源近，被加热物体的颜色和表面状态会产生光的反射，从而就造成了温度的损失。远红外线则有着相反的现象。

虽然是用电产生红外线的，但也有近红外线电灯。红外线电灯在 JIS 标准中有规定，例如，R 型普通电灯和管型普通电灯。另外，根据功率的大小对其大小、性能、结构等也有相关的规定。

利用近红外线进行加热与炉内的空气温度是没有关系的，虽说如此，但在开放状态下，利用辐射可以进行直接加热却是其最大的特点。因为这种加热不需要准备的时间，加热的开始和停止瞬间即可完成，即使是断断续续地加热也不会浪费时间和电。

远红外线是利用电热线来产生的。红外线的透过率很好，可利用热膨胀率很小的石英玻璃来保护电热线。

红外线电灯将电灯的内面作为反射镜，而红外线暖气利用金属板进行前后反射。

也有利用高频率电的干燥器，这和电炉的原理一样，也是使用高频率感应电的，把这种感应电作为高频率电场加到绝缘体上，而感应电损失在其内部使物体发热。

胶合板的黏合、木材的干燥等也是利用这种方式的。家庭电烤箱的应用就是第 129 页所示的介质加热原理的应用。

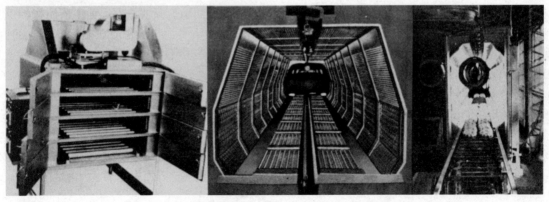

▲远红外线加热炉（左和中）和近红外线电球炉（右）

万用表

万用表是测量电气关系的一种仪器。用万用表测量交流电压、直流电压、直流电流、电阻值是非常方便的。万用表是无线电爱好者及音响爱好者必备的工具，读者可以问一问身边懂电的人是不是手中都有万用表。对工厂中出现的事故进行检查时，维修人员也应该会有一台万用表。在 JIS 标准中，万用表又被称为电路测试器。

首先，通过改变位于正面中央的旋钮使开关进行切换，来实现变换测量目标。

因为电是看不到的，而且要使导线的金属部分与电的回路相连接，所以对电不了解的人往往不敢使用万用表。但是，一般小工厂和家庭用电，只要按照市面上所出售的万用表的说明书进行操作应该是没有危险的。而且万用表并不贵，有条件的话可以观察下实物。

另外，万用表被作为电阻值测量装置而广泛地应用。如果是专业的电工，其手中一定会有叫做兆欧表的仪器，在 JIS 标准中称为绝缘电阻表。绝缘电阻表是检查是否漏电的装置，应用在比万用表电阻值大的情况下。

电的用途

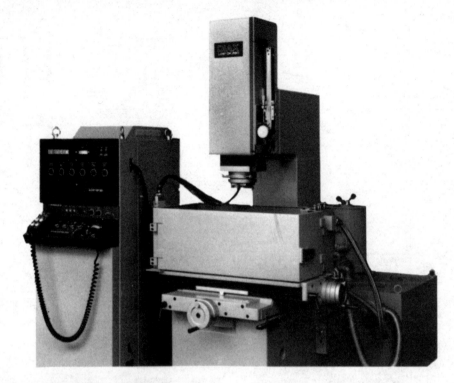

电火花加工

　　电火花加工是利用放电原理，在加工物体上进行持续地局部加热、熔化、蒸发等的加工方法。

　　为了产生放电现象，可把工件作为正极，电极作为负极，在两者之间加以一定的电压，把电极和工件一起放到起绝缘作用的工作液中，当两者达到一定的距离后，绝缘会被破坏，则发生放电现象。这时应该有电火花飞出，这样就可以根据电极的形状在工件的表面制造出不同的凹槽。

　　通过电火花可以加工制造出工件所需的凹槽，随着工件和电极之间的距离慢慢变远，放电现象就会渐渐地消失。因此，为了可以

在一定的距离内进行加工，以及连续产生放电，在进行加工时，会经常组合使用一些放电加工机。

　　电火花加工跟其他的加工方法一样，工具和工件之间应发生接触。根据放电现象所进行的加工，不用给工件施加过多的力，而且也不受工件硬度的影响。即使工件比较硬，只要使电流通过即可，所以这种加工和硬度是没有关联的；即使工件的形状是比较复杂的，使之与电极相连接起来也应该是没有问题的。如果工件是绝缘体，那么就不能进行这种加工了。

　　工作液可以起到使放电现象循环进行和

▲金属模加工，电极是银钨合金，被加工物体非常硬

清除加工废料的作用。

　　下面请看一下放电现象中与电相关联的问题，放电的电压一般为 50~200V，电流是 100~1000A，所以需要使用可以在 1s 内放电 1000~100000 次的设备。

　　前面所提到的电火花加工机中的机械部分与加工箱匹配的电极设备，必须根据加工的进程在检测加工距离的同时使加工以最佳值进行。

　　在电火花加工中，放电火花的大小会影响到加工速度、精加工表面的粗糙度和尺寸的精度。另外，电极的材质和电极的消耗也会影响加工的精度。

　　黄铜的损耗速度很快，虽然在加工时消耗很多，精度容易变差，但是这种加工材料是很便宜的，而且加工起来也比较容易。铜的消耗很少，适于钻孔加工；石墨适用于加

▲锻造用金属模（上）和加工用电极（石墨）

▲玻璃金属模（SUS—403）和电铸铜所制作成的电极

工不通孔；银钨合金适用于硬质合金的精密钻孔加工，但价格却很高。

　　另外，一般所说的线切割也是电火花加工的一种。但是这种电火花加工只适用于钻孔加工。在加工中，首先在工件上钻一个孔，然后通入作为电极的铁丝，沿 X 轴、Y 轴方向进给安装有加工物体的工作台，就可以将加工物体切成各种复杂的形状。也就是说，要使放电现象在水平方向上进行。这种电极的制作成本为零，因为使用的是铁丝，所以加工费用也就变低了。但是作为电极的铁丝是易耗品，要使用比较长的铁丝以保证连续的加工。

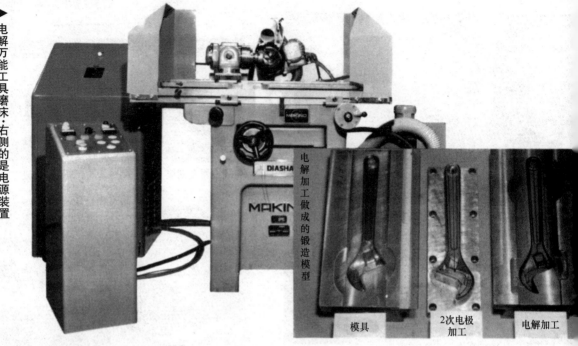

▶ 电解万能工具磨床·右侧的是电源装置

电解加工做成的锻造模型

模具　　　2次电极加工　　　电解加工

电解加工

利用电分解或者说利用电解进行加工的方法（简称为ECM）叫做电解加工。利用这种加工方法可以加工出在一般的加工方法条件下难于加工的零件的凹模。用普通的方法加工零件的凹模是很困难的，而利用电解加工的方法却能在短时间内高精度地完成加工。

把加工物体作为正极，把与凹模相反的凸模作为负极。如果在电解液中使电流流过作为阳极的加工物体，就会产生电分解。这和第142页镀的原理是一样的，因为只有这样才可以进行电解。为了使正极变为与负极相同的形状，两电极之间的距离会缩小到

0.2~0.6mm，同时又因为有很强的压力，会使电解液会在狭小的空隙间流过。通过电解所产生的物质经过被分解而流出，并且会形成

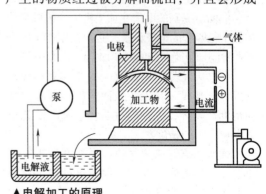

▲ 电解加工的原理

136

与凹模相同的形状。

根据物质被分解流出的量进行凹模加工，也就是说中间需有一定的间隔进行等速的电解。

电解加工虽然和放电加工有相同的特征，但是却没有放电加工中出现的电极消耗。加工速度与材料的导电性有关，而且与电流的大小成正比，也会受到电解液的影响。因为在电极侧面也会发生电解，根据加工速度和精度重视程度的不同，要不断地变换电解液和电流。对模锻用金属模进行加工时，一般使用速度比较快的电解加工进行粗加工，用放电加工进行精加工。电解还可以应用于磨削、抛光、研磨等，这些加工不仅要使用电解，而且还要使用相应的各种磨削、抛光、研磨等工艺。

电解磨削是指同时进行电解加工和磨削加工。在这一过程中，把砂轮（一般是金刚石质的砂轮）作为阴极，而且使作为电解液的磨削液流动。因此，间隔发生作用的电解加工完成整个加工过程的90%，而磨削作用则完成整个加工过程的10%。因为整个加工过程的90%是由电解作用来完成的，所以电解研削在用于超硬金属的成形加工中是很方便的，在工具的磨削中也被广泛使用。

虽然电解磨削量是受电流影响的，但与一般的磨削相比，电解磨削的效率却高得多，而且砂轮的磨损量也非常小。利用电解磨削在车床上磨削断屑槽时，如果要加工的断屑槽的尺寸是深0.6mm、宽3mm、长19mm，只要进行一次13s的电解加工就可以完成。背吃刀量与进给量之间的关系和车床的车刀架或磨削盘的砂轮的背吃刀量和进给量是一样的。因为不能进行超过电解磨削量的进给，

所以如果切入深度比较大，进给量就必须小。

除此之外，电解磨削所产生的热量很少，且不会出现误差，其使用的电是2~12V、50~500A的直流电。

电解抛光中也是把研磨模作为负极的。但是并不是像其他的机械加工那样在电极间留出一定的空隙，而是将电解液与砂粒的混合物流到电极之间。因此，如果两个电极之间发生短路，有大电流流过，那么加工就不能进行了。

为了防止短路，一般要把导电性为中性的物质作为研磨模，把电极放到高于研磨模面的地方。电解研磨和磨削、抛光不一样，它是仅利用电解所进行的研磨，而且其阴极和阳极在进行电镀时是相反的。

电解研磨的负极可以是金属，和电解加工一样，需要使电流流入电解液。这样做和电镀是完全一样的，正极（加工物）发生电解，向阴极移动。加工物体表面突出的部分会有很大的电流流过，凹陷的部分只有很小的电流可以流过，所以加工物的凸出部分易于分解。

电解研磨不用考虑加工物的尺寸和形状，它只是用于使加工物的表面变得平整。

▲不锈钢焊接加工前（左）和电解研磨后（右）

电焊

　　使用电进行焊接的方法被称为电焊。但是，电焊方法有很多种，从原理上可以分为电弧焊接和电阻焊接两大类，根据各自不同的特征又可以细分为各种不同的方法。

　　切断开关时，电流还会保持流动，通过作为绝缘体的空气，电流还能保持原来的状态继续流动，这就是电弧。电弧有很高的温度，利用电弧的高温来进行的焊接叫做电弧焊接。

　　焊接的材料（称为母材）和焊接棒作为电极，使两个电极接触稍微离开一些，两极之间就会产生电弧。利用电弧的热来焊接母材，同时焊条的金属也会被熔化，从而把两个母材焊接起来。电焊时可以使用交流电也可以使用直流电，由于使用交流电的设备费用比较低，故交流电被使用得更多。

　　电弧焊接的特征是焊接姿势比较自由。在机械工厂和建设工地拉着又长又粗的电线进行的焊接，一般都是电弧焊接。因为随着焊接的进行，焊条会逐渐地被消耗，所以为了使电弧能够持续起作用，可以一边保持适当的距离，一边沿着焊接线路移动，这种操作要求比较熟练的操术。正因为如此，为了能连续地补充焊条，还有半自动化、自动化

▲焊接汽车油箱外部的无缝焊接机

▲对焊机

等几种方法。

电阻焊接首先是使母材相互接触，然后使电流流过，利用接触部分的电阻所产生的热，同时在熔化处施加压力，使其焊接在一起。

把薄的板材重合起来进行焊接的方法称为搭接焊。从两侧通过电极使电流流过的同时进行点状的焊接称为点焊，它和用滚盘式电极连续通电加压的滚焊被广泛地使用。另外，通过堆焊可以制造凸出部分，同时焊接很多地方。

要将厚板和棒材等的焊接部分平接起来可使用对焊，在这种方法中，根据各种加压的方法不同，又可以分为电阻对焊、闪光对焊、高频电阻连续对缝焊。

电阻焊接不易离开设备进行移动，其设备一般为工厂中的固定设备。

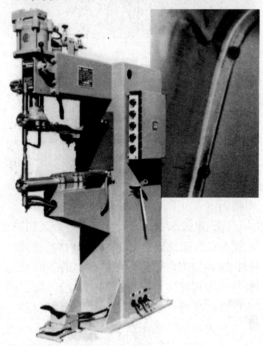

▲电焊机和焊接的实例

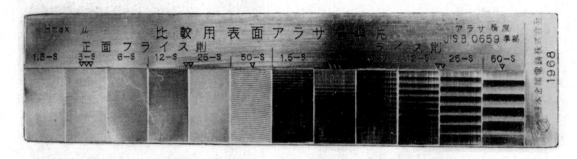

表面粗糙度比较样块是依靠切削加工面（母模）利用电铸技术进行批量生产的

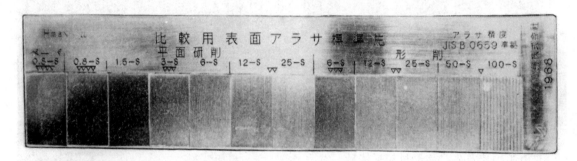

电铸

这里虽然有个"铸"字，但是电铸并不是铸造，而且在加工过程中也没有将熔化的金属流入铸型的操作。电铸和铸造一样也是成形加工。电铸的原理和第142页的电镀原理相同。

那么电镀和电铸之间究竟有什么区别呢？电镀是以表面处理（美观、防锈）为目的的，而且这种加工应注意避免处理过的表面发生脱落。电铸是以成形为目的的，经过加工的零件应该脱离模型。所以与表面的外观相比，电铸更追求加工的形状和尺寸的精度。一般来说，电镀要求的厚度为 $10\sim50\mu m$，而电铸成形所要求的厚度为 $50\sim20000\mu m$。

在进行电铸成形加工时，需要将母模和所要进行成形加工的模型呈凹凸对称的形状。把母模作为负极，把将作为正极的金属贴附到母模表面。通过这种方式，可以进行精密的临摹和复杂的复制。因为电铸具有这些优点，所以被使用。

在电铸时，将电镀材料很好地贴附在作为负极的需要电铸的材料上是很重要的。电铸的前提是，成形后的加工物可以从作为负极的母模上脱离。正因为如此，作为负极的母模应使用易于成形的材料，只是其表面需

▲电剃须刀的外刃是厚度为 **0.05mm** 的电铸产品
要经过导电化处理。

▲经过电铸加工的铭牌（厚度为 0.1mm）

电铸加工有两种用途。一种是将电铸加工后的低熔点合金和塑料等用于裱褙，主要应用于唱片中的金属模、牙科治疗中所使用的牙齿模型。这种加工方法适于制作位于放电加工底部的加工用的电极。

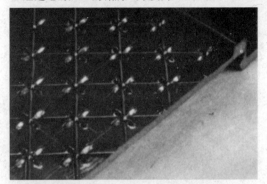

▲电铸比较厚的实例，厚度大约为 **2mm**

另一种用途是原封不动地使用从母模上剥落的东西，可应用于装饰物的复制，如奖牌、盾牌、铭牌等的制作。

虽然将电镀的加工物从母模上原封不动地取下，是不会有什么问题的，但是也有不能从母模上原封不动取下的情况。这是因为采用了使易熔材料注入母模的中心部位，经过电镀使其熔化的方法。因为熔化时对温度没有什么限制，所以甚至可以对药品进行加工。

用于电铸的金属有以下要求，工艺品、装饰物、铭牌、放电加工用的电极等要使用铜，塑料或玻璃等的成形用金属模则主要使用镍作为电极。对于电铸的厚度一般要求，镶条为 $50\mu m$，铭牌小于 1mm，装饰品为 1~3mm，放电加工用的电极约为 10mm，放射成形用的金属模约为 20mm。

另外，电铸的历史是非常久的。1833年，法拉第发现了电解的电离元素（这里指的是金属）量与经过电极的电量成正比。1836 年，俄罗斯的雅可比发明了电铸方法。

▲经过电铸加工的装饰品的表面（左）和里面，
厚度为 1mm

141

电镀

▲电镀用的电极

电镀到现在为止仍然广泛地用于机械加工和金属切削加工中。

镀金是用其他的金属或者薄的合金覆盖在金属表层的工艺。在建造奈良大佛时就进行过镀金加工。镀金时使用一种叫做热浸镀的方法，热浸镀是将加工物放到熔化的金属中进行加工的方法，而使用较多是电镀法。电镀是利用电流三种作用（见第34页）中的化学作用加工的方法。

电镀金加工的主要目的是为了防止制品表层脱落，同时要达到产品的防腐蚀和美观的目的。除了机械零件之外，还有很多产品需要进行电镀以达到美观的效果。在机械零件的电镀中，需要达到美观目的而进行的电

▲电镀液的滤过设备（右侧）和保温设备

镀加工的是一些注重外观的外部零件，而机械内部的零件，一般对于外观没有要求，所进行的镀金只是为了防腐蚀。

除此之外，因为可以起到防腐蚀的作用，而且电镀所形成的薄金属膜的电阻也很小，所以电镀也可以在弱电零件开关等的接头部分进行。可以将热导性能比较好的铜镀到热导性能比较差的铁锅底部。将硬质的铬镀到金属模上的镀金面比较厚，有很强的耐磨性，所以镀铬加工被广泛地使用。

追求美观的电镀加工主要是镀铬加工。因为经过镀铬加工，产品的表面不仅不会腐蚀而且光滑、干净。机械内部的零件的防腐蚀措施主要是镀锌、镀隔、镀镍等。

电镀是将需要进行镀金的制品作为负极，将镀金材料作为正极。使直流电在电解液中流动，正极的镀金材料发生电解，从而变为金属离子在电解液中向负极移动。然后，又因为分子间作用力附着到负极上。

根据镀金材料的不同，电镀的电解液也同样千差万别，电镀会受到电解液的浓度、温度、电流（通过负极、正极的面积以及两极之间的距离计算出）等的影响。

另外，电镀使用的是直流电，而且使用的是 4V 以下的低电压（根据金属有所不同）大电流，使动力线的电压下降的变压器，交流整流装置，定电流装置等也有所不同，而且同时需要保持电解液的温度在一定范围内的装置和保持电解液清洁的过滤器等设备。

下面介绍一下日本电镀的技能鉴定中所使用的电解液：

镍	硫酸镍	240g/L
	氯化镍	45g/L
	硼酸	30g/L
	2- 丁炔 -1.4 二醇	0.2g/L
	糖精	2g/L
	pH　4.0 ~ 4.4	
	温度　45 ~ 50℃	
锌	氯化锌	30g/L
	氯化钠	20g/L
	氢氧化钠	80g/L
	硝酸钠	1 ~ 2g/L
	温度　20 ~ 30℃	
	质量比　2.3 ~ 2.7	
铬	无水铬酸	250g/L
	无水铬酸和硫酸银的比例大约为 100：1	
	三价铬酸	2 ~ 5g/L
	温度　46 ~ 50℃	

静电喷涂

一般，对电的利用主要是电流，只有在进行这种喷涂时所使用的电是静电。利用静电使涂料充分地附着在加工物上的方法叫做静电喷涂。很早以前，在学校的理科实验中，就有证明正负电相互吸引的实验了，静电喷涂就是利用这种实验的原理进行的。

在需要进行喷涂的产品和喷涂设备之间设置静电场，将涂料转化成细密的雾态使其喷出，带电的涂料就会附着在产品上。这样，涂料既可以附在产品的侧面，也可以附在产品的背面，所以不仅不会浪费涂料，而且也可以保持清洁。

为了进行静电喷涂，必须把涂料转化成雾态，而将涂料转化成雾态的方法有利用空气和利用静电的方法。

利用空气将涂料变为雾态的方法与俗称

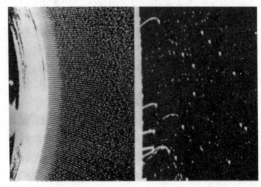

▲利用静电的雾化（左）和利用空气的雾化（右）的粒子

▲汽车部件的静电喷涂（圆盘形电极）

的喷漆是一样的，和喷雾原理相同。另外，也有使喷雾的喷管旋转，利用这种方法使涂料飞出的力大于静电的吸引力，涂料就不能附着在物体上。如果这两种力适当，飞向物体旁边的涂料会因为静电而发生弯曲，从而可达到物体的侧面。对背面进行喷涂时也是如此。

使雾态涂料带电，涂料会沿电力线方向飞出，从而进一步减少涂料的浪费。

利用静电使涂料雾化的方法有些复杂，要使电极（圆盘、杯形）高速旋转，并从中心输送涂料，在离心力的作用下，涂料会形成薄膜向周边流去。在这个过程中，涂料的粒子带电。因为和加工物之间的强磁场，涂料从电极一端飞出时，从膜状变为线形，再从线形变为雾状。因为高压使带电涂料表面张力降低，同样带的都是负电，涂料之间相互排斥。与空气式雾化相比，可以实现更高程度的微粒化。这时的电压一般是 90～120kV，这种喷涂的方法也可以称为兰斯伯古静电涂装法。

静电喷涂适用于大批量生产，可以连续而均匀地进行，而且其最大的特点是在无人状态下可以进行高效喷涂。另外，这时加工物一侧为正极，涂料一侧为负极。

电泳涂装

电泳涂装是将产品放入水溶性涂料中，然后将加工物体作为正极，将涂料槽或相应的材料作为负极，并使电流通过，涂料槽内涂料的粒子带有负电荷，会向作为正极的加工物移动，这就叫做电泳。这样，涂料的粒子在到达加工物的同时也会产生电分解，这种作用称为电沉积作用。因为是应用于涂覆，所以又称为电沉积涂覆。

因为两极的电压、水分从电沉积的涂料中流向处于外部的涂料一侧，所以虽然加工物是浸泡在水溶性涂料中，但实际已经脱水。

因为电泳涂装是利用水溶性涂料，所以不用担心会像油性涂料进行静电喷涂那样，在高压条件下产生火花从而引起火灾。而且因为是在涂料中进行的，所以涂料可以到达加工物的所有部位，而电沉积的涂料很少，所以涂料不会沉积或流入凹处。和静电喷涂一样，电泳涂装也可以应用于大批量、连续性、自动化的涂覆作业，是一种非常便利的涂覆方法。

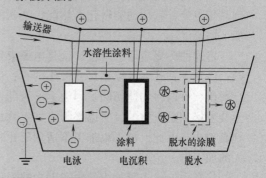

▲电泳涂装的原理

图1 正在进行的电子束（沿齿轮的右侧展开的白线）焊接

图2 利用电子束进行焊接加工的例子

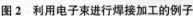

电子束加工

利用凹透镜将太阳光线聚集的焦点，可以点燃香烟。电子束加工是用电子束代替太阳光线、电磁透镜代替凹面镜，将加工物放到其焦点处，利用动能转化为热能，从而使加工物熔化。

将这种熔化应用于焊接，就是电子束焊接；应用于钻孔，可以钻尺寸极小的孔；进行切割，可以将物体切断。因为电子束的发生装置必须是真空的，所以必须将加工物放到真空中。因此，电子束加工不适用于比较大的加工物。

将在加工状态下放出热电子的白热丝作

为负极，在负极和正极之间加一定的电压，电子则会飞出，将这个称为电子束。电压越高，电子束的能量就越大，而且可以利用透镜将电子束汇聚到 $\phi 5\,\mu m$ 左右，可以进行极小工件的加工。

在图1所示的焊接中，从上到下移动的极细的白线是电子束。

对图2所示的汽车变速器用的齿轮进行焊接，利用电子束 10～30s 内就可以完成。如图2所示，将切齿切割成单个的个体，然后利用电子束进行焊接。

激光	特　征	波长	振荡状态和输出功率	可以适用的材料	点径	材料厚度	应用实例
玻璃	● 可以运用于钻孔和焊接	1.06μm	● 单发脉冲振荡 ● 输出能量 ~ 30J ● 脉冲幅 　钻孔 2m/s 　焊接 3 ~ 10m/s ● 重复 /Hz(PPS)	钻孔 金属、陶瓷、半导体、硬质合金、铁素体、金刚石 焊接 各种金属	0.1 ~ 1.0mm	数 mm	● 钻孔 ● 切断 ● 焊接
红宝石	● 加大尺寸的加工	0.69μm					
YAG	● 特别适用于精细加工	1.06μm	● 高重复频率脉冲 ● 最大输出功率 ~ 100kW ● 重复频率 ~ 10kHz ● 平均输出功率 ~ 数 100W	和红宝石激射器、玻璃激光器相同	数 μm ~ 数 10μm	0.3mm 以下	● 特别精密的钻孔、切断 ● 开槽
二氧化碳	● 适用于无缝焊接、高速切断	10.6μm	● 连续输出或者重复频率脉冲平均输出功率 ~ 20kW	石英、纸、布、塑料、钢铁、铝、钛等	0.2 ~ 1.0mm	小于 25mm	● 高速切断 ● 焊接 ● 钻孔

激光加工

激光的英文写法是 Light Amplification By Simulated Emission For Radiation，它的首字母缩写是 LASER。这并不是对激光的说明，只是对其名称来源的简述。因为如果没有物理学的专门知识是很难理解的，所以在这里就省略了。

激光所发出的光具有波长单一（纯单色）、位相相同（平行）、传播距离远、可以用透镜聚集到很小一点的特性。利用激光的这些性质，激光常被应用于测量、通信、医疗、核聚变等方面。

激光加工就是激光的一种应用，可以将很高的能量高度地集中于极小的单位尺寸，在原来的加工方法不能进行的材料上进行微小的钻孔、切断、焊接等。

玻璃激光器、红宝石激射器的加工方法可以广泛地应用于金属加工中。二氧化碳激光器适用于对木材、橡胶、布、塑料等非金属材料进行高密度高效率的切断。

另外，表中的 YAG 是钇铝石榴石的结晶体的简称。

等离子加工

　　等离子是与物质通常的气体、液体、固体三种状态不同的状态。原子包括原子核和电子，把带中性电的气体状态的物质称为等离子。

　　因为气体容易变为等离子，所以一般使用氩、氢、氮等气体。把气体变为等离子需要很多的能量，所以主要使用电弧来作为其转变的方式。

　　与等离子加工相对应的有将制作电子的电弧施加到加工物的等离子弧，和将制作成的等离子喷涂的等离子喷射。等离子弧能够更好地利用热，但加工物必须是导电体。因为等离子加工是利用热的，所以被广泛应用于切断、焊接和等离子喷涂等。

▲离子束加工装置

离子加工

　　离子从原子中带出电子时，产生破坏中和状态的物质，可能带正电，也可能带负电。所以在等离子中应该一定会存在使等离子工作的加工和只将离子在真空状态下以束状进行的加工。将离子以束状进行的加工称为离子束加工。不管是哪一种，离子都会把加工物表面的原子带走，以原子为单位去除物质。正因为这一点，如果能够正确、细致地控制离子的撞击位置、方向、速度等就是一种理想的精密加工方法。

　　现在这种理想的精密加工方法还不能实现，但是已研究出一种被称为蚀刻术的可去除必要部分的操作。

　　另一方面，也可以将去除掉的部分附着在其他物质的表面来进行物理性镀金。这种镀金的方法也适用于金属以外的物质，与真空涂覆相比效果更好，所以这方面的研究开发也在不断地发展。

用电事故和安全

接地

一般，英语中的 earth 是"大地或地球"的意思，而在专业术语中，earth 则表示接地。我们经常说"洗衣机是通过上下水管道来接地的"。但是，现在的家庭中用的布线管主要是聚氯乙烯管，这样上下水管道就没有了接地的作用，而且经常会出现一些问题。而工厂中的布线往往非常强调接地线的设置，一般正确的布线方法是必须设置接地线的。

"接地"又是怎么一回事呢？我们可以通过本页的图片来了解。请看一下所在工厂周围的布线情况。接地并不是为了使电流流过所进行的设置，而是从为了使电流流过的电线中或者终端机器中的金属部分引出一根电线，它直接与大地相接。也就是说要将接地线接入大地。

即使不进行接地，电流也可以流过，电器也可以运转。但是，使用接地线使电器与大地相连接是必须要特别注意的。

接地有很多种形式。首先是动力线的接地，200V 的三相交流电的黑、白、红三色线中的白色线和 100V 的单相交流电的黑、白两色线中的白色线在输电电线杆处被接地。我们可以看一下附近的电线杆和杆上变压器的接地线。这时，接地线是从地上两米左右的

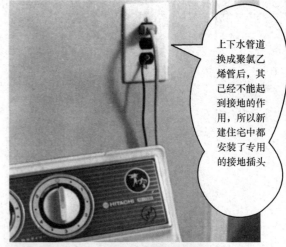

上下水管道换成聚氯乙烯管后，其已经不能起到接地的作用，所以新建住宅中都安装了专用的接地插头

家庭用电的电线杆上的变压器也有接地线。接地线外用金属管来保护

地方自上而下落下的一根电线，一般用金属管、木材等保护着和电线杆一起埋入地中（见第 88 页）。但是，这种接地线本书的读者一般不会用到。

接下来，要说的是工厂内的接地线。这时，接地线是从机械、电动机、布线用的电线管、开关箱接出的。这些接地线都是为了防范漏电时的触电事故所设置的。一旦发生

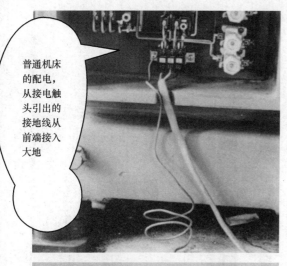

普通机床的配电，从接电触头引出的接地线从前端接入大地

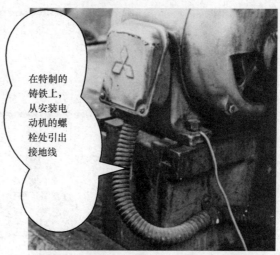

在特制的铸铁上，从安装电动机的螺栓处引出接地线

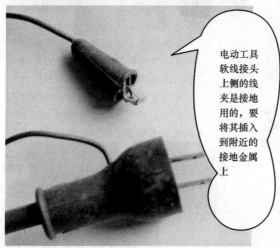

电动工具软线接头上侧的线夹是接地用的，要将其插入到附近的接地金属上

避雷针是把雷电即大气中的静电接地的装置

漏电，漏出的电也会通过接地线流入大地，所以即使人接触到漏电部分，也不会造成对人身有危害的事故。当然，人还会有麻麻的感觉。另外，如果漏出的电流很大，熔丝会熔断，断路器会切断电路。以上所说的是与我们密切相关的接地。

另外一种接地是静电接地。避雷针是静电接地的典型事例。云是空气中的小水滴的集合，雷电是带有与空气所摩擦产生电的云的放电现象，雷击是向地上物体的放电现象，将雷电引导到位于高处的尖尖的金属物体上流入大地中。容易产生静电从而引起火灾和爆炸的机械、设备也必须进行接地。

熔丝

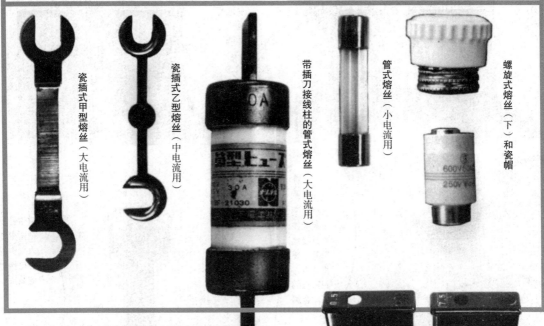

瓷插式甲型熔丝（大电流用）

瓷插式乙型熔丝（中电流用）

带插刀接线柱的管式熔丝（大电流用）

管式熔丝（小电流用）

螺旋式熔丝（下）和瓷帽

　　熔丝（fuse）大概是由动词熔化的意思而来的吧。当有超过熔丝负荷的电流流过时，由于自身电阻产生的热会使熔丝熔断，从而切断电路。这样，电流不能流过，则避免了由于电流过大而引起的事故。

　　因为熔丝是由电阻产生的热而熔化的，所以一般选用低熔点的金属，例如，以锌、铅、锡等为主要成分的合金。对于我们来说，熔丝的材质是不需要考虑的，只要了解熔丝的功能就可以了。在这里可能会有一些错误理解，所以必须事先说明一下。

　　一旦有过大电流流过，熔丝并不会马上

▲数控装置的特殊熔丝，切断电路时圆孔会变为白色

熔化，熔丝上都有与之相对应的额定电流，以此为基准。熔丝的种类有很多。例如，对于额定电流为30A的熔丝，当流过的电流为其额定电流的110%时，熔丝不会熔断；当流过的电流为其额定电流的135%时，熔丝会在60min内熔断；而当流过的电流为其额定电流的200%时，则熔丝会在2min内熔断。除此之外，还有一些断路的条件，与熔断有着

很多不同之处。断路的条件要求是非常严格的，所以在这里就不再多说了，只要知道一旦有过大电流流过，熔丝并不会马上熔化就可以了。

熔丝有各种各样的形状。在 JIS 标准中有"瓷插式熔丝"、"管式熔丝"、"螺旋式熔丝"，一般在机床中使用的多为螺旋式熔丝。

带插刀接线柱的管式熔丝主要应用于大型的配电盘中，一般来说，当带插刀接线柱的管式熔丝的夹具确定以后，不能用其他东西来代替，否则会经常出现问题。

这里所说的其他的东西是指当手边没有熔丝时，用电线来代替，这是绝对不允许的。熔丝熔断的原因是由于在一定的时间内流过过大电流。如果除去这个原因，用电线连接就不能够防止危险的发生，所以绝对不能用其他的东西来代替熔丝。

另外，作为常识，应必须保证通过熔丝的电流不超过熔丝的额定电流。如果没有与之相对应的熔丝，也就起不到熔丝所应有的

左边的是带插刀接线柱的管式熔丝内部塞满硅砂。虽然熔断了，但电弧还有连接时间，当电弧被切断时形成遮盖。硅砂可以耐电弧的热而不具有导热的能力。中间的是瓷插式甲型熔丝熔断后的情况，右边的是管式熔丝熔断后的情况

作用例如，在流过的电流为 20A 处接入额定电流为 30A 的熔丝。

熔丝有线形的，在使用时需将熔丝剪切成必要的长度来使用。这样的熔丝是无法确定其额定电流的，但此类熔丝可以用电线来代替，而且可以使用超出额定电流的熔丝。在使用熔丝时要牢牢记住：大小不能混用。

▲线形熔丝因为没有规格所以要注意

▲车床的电气设备。中间有三个螺旋式熔丝

▼拔出插头时不能拉着软线

插头的拔出和插入

关于插头的拔出和插入的介绍似乎有点多余，但是在操作中仍然存在着很多问题。

首先，"拔出"就是将插头拔出的意思。但是实际上很多时候拔出时是拉着插头的软线将其拔出的，当然这样也可以将插头拔出。由于软线和插头的连接是为了使电流通过，若拉着软线拔出插头，连接部分会承受很大的力，渐渐地螺柱的精度就会变差。在车间工作过的人可以知道，这样的螺柱是不合格的，这样的螺纹上只有两个扣（规定应该是两个扣以上），也不一定可以将螺纹安装上去。

拉着软线会给螺柱联接施加一定的拉力，反复数次，螺纹肯定会松动。正因为如此，要像第92页所示的那样将软线连接到内部，连接部分不会直接受到外部的拉力，但这种结构也是有一定强度的，所以必须抓住插座将其拔出。

如果电线的连接部分松动，由于接触不良，插头内会产生火花，最后会造成断路。外部的塑料的熔化也会引起电线短路而使接线脱离。虽然离插座比较远，走两步比较麻烦，但是绝对不能拉着软线去拔出插头。

下一个还是有关拔出的问题。因为插头的弹力很强，只是抓住软线是不能够将插头拔出的，所以有时也会左右拧动将插座拔出，这样也是不行的。首先哪边是左右是没有规定的，不能按图片所示的方向拧动接触片。不管插得多么牢固，难于拔出时都应该上下拧动插头。所拧动的方向是插刀比较结实的方向，刀刃也不会发生弯曲。

▲接线螺柱的联接螺纹一般是 2 扣

不能使刀刃弯曲，是因为将插头插入插座时，与插座的接触部分的接触面积会减小。如果在不通电时，故意弯曲接触片或者使插座接触部分的弹力变小，虽然插头也可以很快地拔出，但会使插头的接触片弯曲，这是不允许的。另外，插头应该非常牢固地插入插座。下面来看一下插座的内部。不止是插座，台式插头也是一样。

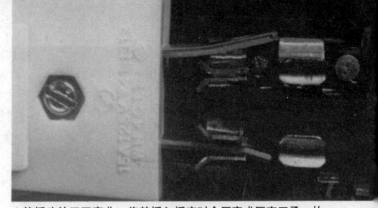

▲使插头的刀刃弯曲，将其插入插座时会压弯或压宽刀承，从而会使刀承扭转

　　插头的接触片上有小圆孔，而在插座的接触部分上有与接触片的圆孔相对称的凸起部分，从而保证紧密地接触。虽然如此，但当插头的接触片弯曲时，这种正常的接触就不存在了，从而影响接触效果。虽然插头松弛可以更容易拔出，但是从电的方面来讲却不好。插座接触部分的弹力会减弱，所以应该缩小插头的接触片之间的空隙或者是换一个新的插头。

▲刀承扭转则弹力会变松，插头会接触不良

　　插头应从正面竖直地插入，使插头的接触片上的圆孔与插座的凸出部分相吻合。只要满足这种条件，即使内部的接触部分不紧固也没有关系。

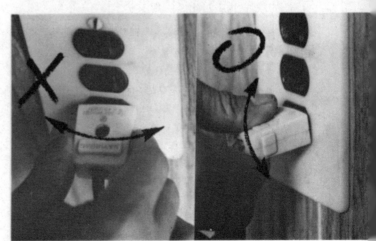

▲不能左右晃动插头，应该上下晃动

在拔出插头时，不可以拉着软线，正如第 154 页所说的那样。在使用电动工具时，一般来说，离插座都比较远，往往会抓着导线将插头拔出，这是不允许的。

虽然电动工具上所使用的导线一般是橡皮绝缘导线，而插头都带有保护层（外皮），而且电线的接线部分可以避免直接承受外部施加的拉力，但还是不能拉着导线拔出插头或拉着导线来回移动。即使导线连接的另一侧是机械、器具类的软线也不可以。

机械侧的软线也是一样，一般不直接对

经常容易折断。

电线也是一样，扭结往往会造成断路，尤其是使用单线时。如果是绞线，例如两芯线或厚橡胶软电缆时，其所有的束线都是分散的，虽然不像单线那么易坏，但是一般原则上也不能那样做。

虽然这样做很麻烦，但是应把线圈解开，然后再拉伸。

在工厂中，在使用电动工具时会拉拽电线。特别是电焊时，有时也会使用聚氯乙烯软线的延长线等。拉拽车床上的线最需要注

软线的处理

软线的接触部分施加外力，但也并不是完全不能那样做。偶然地拉一下软线，也不会对接触部分造成影响。

长的软线也是如此。一般来说，一定长度的软线是卷起来的，而且是以这种状态包装的。这种长线即使被截短（长约 3m），也会带有弯曲的趋势。另外，软线一般都是盘在一起存放的，这也是因为有弯曲的趋势存在。

卷起来的软线是拉不出来的，只会变成像图 1 所示的那样。这种状态被称为扭结（kink），在词典中的解释为"弯曲、弯卷"。

如果将扭结按照原来的状态拉伸开，这部分会很强烈地弯曲起来。使用起重机等的钢缆时要特别注意这个问题，因为这个部分

意的是，不要使软线接触或者摩擦到金属尖角的部分，否则，会破坏绝缘外层，造成短路或断路。

另外，不要用重的东西撞击软线，原因是一样的。

橡皮软线容易被石油类物质破坏，所以应避开切削液或润滑油聚集处，否则橡胶会变得软乎乎的。由于氯丁橡皮比较耐石油，所以氯丁橡皮软线使用得比较多。

聚氯乙烯树脂耐热性能比较差，在热的地方应避免使用聚氯乙烯软线。家庭用的电熨斗、电水壶、电暖炉等绝对不能够使用聚氯乙烯软线，应使用橡胶的耐热性能比较好的橡皮材料。

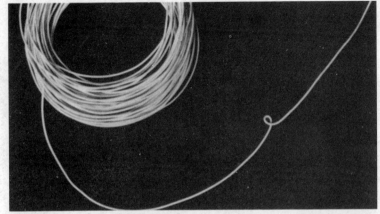

图 1　拉卷着的软线会出现扭结。这种扭结部分容易引起断路，所以要注意

图 2　在布满切屑的车床上，软线被压在重物下，切屑会划开软线引起短路和断路

图 3　被油所浸泡软乎乎的皮绝缘胶软线。如果把它放到切削的车床上，绝缘外层会容易被破坏从而造成短路

短路

　　短路是由英文 short circuit 而来的，是指在回路中形成较短的连接线路。如果发生短路，则会引起各种各样的事故。若计算机、数控设备等电路出现短路，设备就不能够正常运行。每年都会发生很多起铁路的信号电路短路所引起的列车停运的事故。

　　若电气线路和动力线路发生短路，去掉了原来所应该有的负荷（例如电动机），在没有电阻的地方将电路短接，立刻就有较大的电流流过，熔断器会工作使熔丝熔断。

　　正确布线的地方是不会发生短路的。如果接线和布线不遵守如第 90 页所示的事项，线路内部往往就会发生短路。因为布线工具绝缘性的消失，使通电部分露出。如果与螺钉旋具接触或者切屑飞入也会产生短路，这时会发生"扑哧"的一声，出现火花，熔丝熔断，从而使电路断开。

　　接下来是软线的处理方法，要注意软线的绝缘和电线的保护是不同的。为了起绝缘作用，必须缠绕绝缘胶布，这与机械的强度是没有关系的（见第 100 页）。如果遇到像切屑之类尖锐的东西，绝缘胶布会被切断，内部的两根导线会连接到一起引起发生短路，或者通过某种金属产生短路。

▲绝缘体损坏，很危险

▲短的束线是造成短路的原因

▲这样物体内部也容易出现短路

过负荷

　　过负荷的英文是 over load。即有超过额定值的或允许范围内的电流流过，或者施加了较高的电压。如果是弱电回路，若施加较高的电压，一般是不会出现短路的，因为家庭用电一般是 100V，动力用电一般是 200V。

　　给电动机施加超过额定值的负荷。例如，用机床进行强力切削时，电动机中所流过的电流是超过额定电流的。因为电是一种很奇妙的东西，当额定电流不足时，可以流过多余的电流。如果电动机的线圈中流过的电流超过其允许流过的电流，由于自身电阻发热会使温度升高。如果持续运转，电动机就会冒烟了。但是一般来说，机床回路中经常会接入过负荷继电器、热继电器等设备。如果过负荷，电流就会被自动切断。

　　电线的过负荷是比较危险的。对于电线，怎样才是比较安全的呢？将细电线使用于比较方便的地方。如果细电线上流过的电流超过其额定电流，因为其自身的电阻，导线会产生热量。如果使用抗热性能比较低的聚氯乙炔绝缘软线，因为受热，聚氯乙烯软线会变软；由于变形，其绝缘性能会降低，最终软线会熔化而引起短路。

　　布线用的器具也是一样，一般是连接电线的部分即接线部分会变热。如果使用一段时间之后，插头的温度变高了，就应该考虑到是因为接触不良还是过负荷再进行检查。

▲ 多根线会造成过负荷

▲ 用热继电器来防止过负荷

▲ 能够测量过大电流的车床电流表

159

触电

对于触电，应该还没有一个很明确的定义吧！如果感觉到麻麻的，虽然造不成什么伤害，但是也不是件什么高兴的事。

如果发生触电，比较轻微的会感觉到麻麻的，稍微严重的一些的就会对心脏造成损害，且脉搏暂时会产生紊乱，如果电流再大一些就会失去生命。输电线路上所发生的大的触电事故就是人被烧焦。

人的身体是导体。当接触到某个电流流过的地方，从其他的部分流出时（例如，流向地面），电是可以流过人体的，这是非常危险的。为了防止身体触电，首先，不要去接触电流流过的地方。电是眼睛所不能看到的，所以最先需要注意的是不要接触电流回路中裸露的金属部分。在替换熔丝时，一定要确认电源开关是关闭的。

▲靠近高压输电线是比较危险

插头的插入、拔出、开关的操作等，如果需要手接近电路，一定要用右手来做。这样即使是触电，电流也是从右手流入人体，离左侧的心脏较远一些。如果是左手触电，电流会流过心脏，后果不堪设想。其次，不要用湿的手对开关进行操作或插入和拔出开关。操作时，请一定要保证手是干的。同样

▲为了避免触电，电力施工人员会穿上橡胶长靴，戴上橡胶手套

也不能用带汗的手操作，因为汗中含有盐分也很容易导电。

使脚下绝缘可防止触电。例如，穿上橡胶做的鞋。因为这样，电流就不会通过脚流向大地，即使电流进入身体，没有出口没有形成回路，也不会流出的。

当然还要避免地面积水。

对于人体，电并不一定是有害的，只有在感到麻麻时才会对人体有所危害。

但是如果电流过大，肌肉就会麻痹僵硬。虽然自己知道触电了，但是什么也做不了。往往是找别人帮忙来切断电流。如果电流非常大，心脏就会麻痹，人就会休克。这也是不使用左手的理由所在。

触电并不是电压高就危险，电压低就安全。即使是低压，如果流过的电流很小，只是会感到麻麻的，而用湿的手来接触100V的电流也会使人死亡的。因为对象是人，这样的数值就没有必要经过实验来确定吧。

如果是高电压，即使不直接接触，只要靠近其附近，有时也会因为放电而发生触电的。动物触电的事故也经常会发生。人和动物作为导体，由于自身的电阻会产生热，触电的话有时会被烧焦。

漏电

以前，经常会发生由于漏电而引起的火灾。现在即使绝缘材料的性能变得更好了，但因为导线多年老化、内部导线的露出、与某处连接处的露出，漏电也会经常发生。漏电并不是产生了使熔丝熔断的大电流，而是因为不完全接触、电阻等而产生火灾。经常会出现由于有老鼠啃吃聚氯乙炔绝缘材料而引起的漏电事故。

虽然外行人很担心漏电，但是从技术上来说，却不需要那么担心。当然，在看不到的地方，也很有可能会发生漏电。

当电磁开关的容量达到一定值时，也可作为漏电断路器来使用。漏电断路器与用于过大电流的断路器相比，容量要小，而在其开关之前的部分有漏电现象出现时，漏电断路器开关工作，切断电源。

在一般家庭和小工厂里，在配电盘上设置漏电断路器的情况越来越多，当然是出于安全考虑的原因了。另外，虽然漏电不会引起火灾，但是漏电也要花电费呀。

◀漏电断路器的一个例子